W0405219

Astéroïde

Jean-Pierre Luminet

Astéroïde

Le Cherche Midi

La première édition de cet ouvrage
a été publiée par les Éditions du Cherche Midi
en 2002 sous le titre :
Le Feu du ciel
Météores et astéroïdes tueurs

ISBN 2-02-080821-8
(ISBN 2-74910-030-5, 1re publication)

www.seuil.com

À Hubert Reeves,
Qui a tant œuvré
Pour faire aimer
La permanence du ciel
Dans nos chairs et nos cœurs.

Avertissement au lecteur

En littérature, j'ai toujours recherché les épousailles de la forme et du fond. Il faut qu'en apprenant on badine. Il faut qu'en musardant on avance. Ce livre n'échappe pas à cette logique, qui sacrifie parfois la logique – pour mieux y revenir.

Lorsqu'une météorite explose en vol, elle crée une pluie de débris de tailles et de formes variées qui se dispersent au sol. La matière de ce livre est taillée sur ce modèle : une pluie de fragments étiquetés, courts ou longs, prenant les diverses formes de la littérature – essai, poésie, roman, théâtre, entretien, méditation philosophique, autobiographie, citation, parodie, aphorisme, chronique, courriel, tableau, diagramme… Le tout reconstitue la pierre d'origine, qui vous raconte rien moins que la fabuleuse histoire du Monde.

Chacun élira, parmi les informations disséminées, celles qui trouveront le droit chemin pour le toucher. Chacun choisira encore le rythme qui lui convient pour accomplir ce safari dans notre Système solaire. Au minimum, ce livre peut se consommer de trois façons :

– d'une traite, pour les gros appétits ;

– en une semaine, à raison d'un chapitre par jour ;

– en une année, à raison d'un numéro par jour. Le soir, de préférence, juste avant de s'endormir, histoire d'élargir le terrain du rêve aux météores, au cosmos et aux hommes entêtés qui veulent y regarder de plus près.

PREMIÈRE PARTIE

L'éternité distraite des pierres

La médiocrité de notre univers
ne dépend-elle pas essentiellement
de notre faible pouvoir d'énonciation ?

André BRETON

CHAPITRE PREMIER

Pigeon vole

1

Larme d'étoile

À la fin des années 1920, Saint-Exupéry assure la liaison aérienne entre Casablanca et Dakar, à travers le Sahara insoumis. Les atterrissages forcés ne sont pas rares, pour cause de panne ou de sauvetage, et il choisit, lorsque c'est possible, la surface lisse de certains plateaux qui parsèment le désert, car le sol y est beaucoup moins mouvant qu'ailleurs.

Ce jour-là, il doit conduire un messager maure chargé d'aller négocier la libération de deux compagnons auprès des dissidents. Il se pose sur l'un de ces larges cônes tronqués pour laisser l'homme descendre. Ensuite, il s'attarde longuement, pris par une émotion poétique devant l'étendue laiteuse du désert. Cette surface est restée offerte aux astres seuls depuis des centaines de milliers d'années :

« Nappe tendue immaculée sous le ciel pur. Et je reçus un coup au cœur, ainsi qu'au seuil d'une grande découverte, quand je découvris sur cette nappe, à quinze ou vingt mètres de moi, un caillou noir. »

Ce caillou devrait, comme l'immense majorité des cailloux, appartenir au paysage. Mais, dans cet environnement particulier, c'est presque impossible. Le plateau, composé de sédiments compactés sur trois cents mètres, est beaucoup trop épais et trop jeune pour laisser remonter un silex depuis les profondeurs souterraines. De plus, ce caillou est noir comme un fragment de lave, mais lisse et lourd comme du métal. La déduction vient naturellement :

« Une nappe tendue sous un pommier ne peut recevoir que des pommes, une nappe tendue sous les étoiles ne peut recevoir que des poussières d'astres : jamais aucun aérolithe n'avait montré avec une telle évidence son origine[1]. »

De là à chercher d'autres fruits tombés du pommier céleste, il n'y a que quelques pas. Saint-Exupéry se met en marche, les yeux rivés sur l'étendue. Tout objet venu du ciel doit être demeuré là, intact et ignoré des hommes, depuis des lustres. Et si facile à repérer. L'hypothèse se révèle exacte. L'aviateur découvre bientôt d'autres pierres, disséminées de loin en loin comme les gouttes pétrifiées d'une averse aux dimensions géologiques.

Saint-Exupéry sait que la météorite doit son aspect à l'atmosphère qui l'a fondue, puis façonnée comme une pâte à modeler. Pierre qui tombe se coule en larme. Remontant plus haut le fil de sa rêverie, il comprend que ce diamant noir, si lourd, est une parcelle détachée de la voûte céleste. Il tient entre ses doigts le plus fascinant des ambassadeurs : une larme d'étoile. L'intuition du poète devine ce que les astrophysiciens découvriront plus tard : *les météorites, qui relient l'homme aux étoiles, recèlent le secret de nos origines*.

2

Avant d'entrer en collision avec la Terre, les météorites ont des orbites fortement elliptiques autour du Soleil et tournent dans le même sens que les planètes. La plupart proviennent de la ceinture d'astéroïdes située entre Mars et Jupiter, notamment de l'un des plus gros, Vesta. Quelques-

---

1. Dans *Terre des hommes*, Gallimard, 1939.

unes se détachent des comètes. Un petit nombre vient de la Lune et de Mars. Au total, ce sont des fragments de tout le Système solaire qui nous tombent sur la tête.

3

Comment reconnaître une météorite d'une roche terrestre ? On peut d'abord l'approcher d'un aimant. Certaines météorites se trahissent aussitôt par une attraction marquée. Mais pas toutes. On peut aussi se fier à cette fine pellicule noire, nommée croûte de fusion, qui témoigne de leur passage à travers l'atmosphère. Presque toutes les météorites pénètrent dans la stratosphère à des vitesses de l'ordre de 20 km par seconde, et leur enveloppe s'échauffe jusqu'à atteindre des milliers de degrés. La surface de la météorite fond, puis se transforme en verre en refroidissant. Enfin, de nombreuses météorites sont plus denses que les roches terrestres, car elles contiennent du fer, un matériau très lourd. La densité moyenne des roches terrestres est de 2,7 g/cm^3, alors que la plupart des météorites qui renferment du fer affichent une densité supérieure à 3,3 g/cm^3.

Ces trois critères – aimantation, croûte de fusion, densité – permettent d'effectuer un premier tri entre pierres célestes et caillasses terrestres. Ensuite, il faut briser la pierre pour continuer l'enquête. S'il s'agit d'une météorite, elle révélera une intimité gris clair. Mais le doute est souvent permis entre gris clair et gris foncé. En fin de compte, seule l'analyse chimique en laboratoire tranchera.

4

La promesse au tréfonds du caillou
dessine en riant le ciel

Aux yeux du néophyte, les météorites ressemblent à d'ennuyeux cailloux. Pourtant, à part les quelques kilos de pierres rapportées par les missions sur la Lune (Apollo et Luna), ce sont les seules roches qui ne soient pas terrestres. Sondées au microscope, elles permettent de reconstituer l'histoire du Système solaire, longue de quatre milliards et demi d'années.

5

Les météorites nous apportent un témoignage direct sur l'enfance du Système solaire. Mais leur rôle pourrait bien être plus capital encore. Peut-être ont-elles ensemencé la Terre primitive en molécules organiques. Peut-être sont-elles à l'origine de la disparition massive d'espèces survenue voici soixante-cinq millions d'années. Peut-être représentent-elles une menace sérieuse pour notre avenir.

6

Le noir de la pierre peu à peu se troue, s'étoile.
Le noir de l'étoile peu à peu s'emplit, s'empierre.

7

Le terme de météorite figure pour la première fois dans le dictionnaire en 1846. Il est indifféremment féminin ou masculin. Jusqu'au milieu du XXe siècle, on parlera encore d'« aérolithes » ou d'« uranolithes ».

8

« La station polaire du cap Morris (côte nord du Groenland) annonce qu'un aérolithe a dû tomber dans l'océan Arctique. Des pêcheurs de phoque ont vu une boule de feu traverser le ciel et disparaître à l'horizon. Quelques secondes plus tard, la terre tremblait et la banquise se disloquait. »

Nous sommes dans un album de Tintin, *L'Étoile mystérieuse*, publié en 1942. Le jeune reporter rend visite au professeur Hippolyte Calys qui a photographié la météorite avant sa chute et découvert, en analysant sa lumière, la signature d'un métal inconnu, qu'il baptise calystène. Après moult péripéties, Tintin parvient à s'emparer d'un échantillon de l'aérolithe juste avant que celui-ci ne sombre définitivement dans les flots (quel gaillard, ce Tintin !). L'analyse confirmera la présence du nouveau métal.

9

Un peu de terminologie

Un *météore* est un effet visuel, une traînée lumineuse traversant fugitivement le ciel, de jour ou de nuit, qui se produit quand un corps solide de l'espace interplanétaire pénètre dans l'atmosphère de la Terre. Filant à une vitesse de quelques dizaines de kilomètres par seconde, il est porté à l'incandescence par la chaleur de friction que crée son passage dans l'air. Le projectile est appelé *météoride*. Sa taille peut aller de l'infime grain de poussière interplanétaire, qui n'a aucun effet appréciable sur la planète, jusqu'à l'astéroïde de plusieurs kilomètres, capable de causer la destruction sur tout le globe.

Un météore exceptionnellement brillant est une *boule de feu*. Une météoride qui explose de façon audible au cours de son transit atmosphérique est un *bolide* (du grec signifiant : objet lancé). La plupart des météorides sont des grains minuscules, ne pesant que quelques milligrammes. On les nomme *microméteorites*.

Beaucoup de météorides n'atteignent jamais le sol, entièrement consumées pendant leur voyage dans l'atmosphère. Elles animent le ciel nocturne de jolies traînées lumineuses que l'on appelle *étoiles filantes*. Certains êtres humains sont encore charmés par ce spectacle au point d'y associer un vœu. Ce n'est que lorsqu'elle survit à son plongeon et touche terre qu'une météoride prend le nom de *météorite*. Toutes, sauf les plus grosses, sont fortement ralenties par la friction atmosphérique, et atteignent le sol discrètement. Seules les météorites de quelques centaines de tonnes, très peu freinées, creusent des cratères.

10

Et pour ne pas se tromper

Les *astéroïdes* sont des fragments rocheux qui orbitent pour la plupart sagement autour du Soleil. Beaucoup sont concentrés entre les orbites de Mars et de Jupiter. On pense qu'ils représentent les résidus d'une planète qui n'a pas réussi à se former.

Les *comètes* sont des astres beaucoup plus capricieux, mais toujours liés au Soleil. Elles filent aux confins du Système solaire avant de revenir à tire-d'aile comme pour se faire pardonner. Elles sont formées de poussières, de roches et de glaces amalgamées qui, lorsque leur trajectoire les rapproche du Soleil, s'évaporent et forment une longue traînée blanche caractéristique – voile de mariée qui célèbre les noces périodiques d'un couple orageux.

Les météorites, elles, peuvent être des morceaux d'astéroïdes, de comètes, de planètes… mais qui ne tournent plus autour du Soleil. Elles tombent sur la Terre, capturées par son attraction. Qui trop se rapproche finit son chemin le nez par terre.

11

Les astéroïdes peuvent se rencontrer. Tournant tous dans le même sens, en troupeau, leurs vitesses relatives ne dépassent guère 5 km/s. Mais leur masse est trop faible pour retenir les débris issus de ces chocs. Un peu de leur matière est éjectée. Comme les fragments d'astéroïde sont rocheux, ils peuvent survivre au passage à travers l'atmosphère de la Terre.

12

Au contraire, les débris de comète se volatilisent presque toujours dans l'atmosphère, produisant parfois dans le ciel des averses de météores spectaculaires, mais laissant peu de traces à la surface de la Terre, sinon sous forme de poussières.

Certaines météorites ramassées au sol pourraient néanmoins provenir de comètes. Mais la preuve n'en sera apportée que lorsqu'une sonde spatiale se sera posée sur l'une d'elles et aura analysé son sol.

13

Même des corps célestes imposants, comme Mars ou la Lune, peuvent perdre de petits morceaux en cours de route. Cette fois, il faut des chocs cosmiques formidables pour provoquer l'éjection – ceux-ci ne se produisent que rarement. Les débris sont projetés dans l'espace et errent au hasard, mais leur échouage sur Terre n'est pas fréquent. Trouver un bout de Lune ou un bout de Mars est un événement !

14

Les scientifiques sont partagés sur la masse de météorites qui tombe en moyenne sur notre planète. Dans l'hypothèse haute, la Terre reçoit *chaque jour* 1 000 tonnes de matière céleste – essentiellement sous forme de grains microscopiques. Quantité globalement négligeable, qui ne produit aucun changement discernable dans la composition d'ensemble de la croûte terrestre.

15

Additionnées sur un an, les chutes célestes représentent environ 36 fois le poids de la tour Eiffel. 90 % des météorites ne sont jamais découvertes, car ce sont des micrométéorites dont la masse est inférieure au gramme. Quant aux pierres plus grosses, il en choirait chaque année quelques milliers d'au moins 1 kg, et une centaine de plus de 100 kg. Les trois quarts tombent au fond des océans. Celles qui aboutissent sur la terre ferme sont rapidement dégradées par l'érosion, enfouies par les labours, recouvertes par la végétation. Sous climat tempéré, la croûte de fusion se ternit et prend une coloration brun-rouille. La météorite devient encore plus difficile à repérer parmi les roches terrestres. Conséquence : on n'a guère retrouvé que vingt météorites par an, en moyenne, au cours des deux derniers siècles. Cependant, depuis quelques années, les trouvailles se sont multipliées dans l'Antarctique et les déserts. Les météorites n'y tombent pas en plus grand nombre qu'ailleurs, mais on peut les repérer plus facilement.

16

Une pierre perdue dans la nature supporte le poids de la carcasse du ciel.

17

Les météorites qu'un témoin observe lors de leur irruption dans l'atmosphère et ramasse peu après sont appelées *chutes*. Celles qui s'écrasent clandestinement et sont découvertes plus tard portent le nom de *trouvailles*.

18

La plus grosse trouvaille française est celle de La Caille, un village des Alpes-Maritimes. Cette masse de fer de 625 kg a servi de banc communal pendant deux siècles, avant d'être identifiée comme météorite en 1828.

19

La plus grosse trouvaille mondiale est celle de Hoba, en Namibie. Elle pèse 66 tonnes et n'a jamais été déplacée de son site d'atterrissage, où elle fut découverte en 1920. Il s'agit d'une taille limite. Si elle avait été encore plus grosse, elle se serait probablement brisée en morceaux durant sa traversée atmosphérique.

20

Afin de réparer la voûte céleste, la déesse chinoise Nü Gua utilisa trente-six mille cinq cents blocs de pierre.

Comme les ténèbres régnaient, Indra, le plus grand des dieux, détenteur de la puissance, brisa le ciel à coups de marteau, libérant la lumière et la pluie. Puisque le ciel est de pierre, il ne faut pas s'étonner qu'il en tombe parfois quelques morceaux. Les anciens Chinois nommaient d'ailleurs les météorites *wing yun cheng shi*, « étoiles tombantes changées en pierre ».

21

Voici vingt ans, aux États-Unis, une météorite de 2,7 kg traverse le toit d'une maison, atterrit dans la salle à manger et rebondit au plafond en traversant une chaise. Dans la pièce à côté, un couple regardait tranquillement la télévision.

22

Dans l'après-midi du 14 août 1992, une pluie de météorites pierreuses s'abat sur le village africain de Mbale, en Ouganda. Les autochtones ramassent les morceaux et les pilent pour en faire une poudre médicinale. Puis ils l'ingèrent dans l'espoir de guérir du sida.

23

Le 16 décembre 1997, dans le village de Pitalito, en Colombie centrale, une maison flambe. Quatre enfants périssent dans l'incendie. Selon le journal de Bogota *El Espectado*, le feu a été provoqué par une météorite de 25 cm qui a traversé le toit et l'a embrasé.

C'est le seul cas avéré de mort humaine causée par une pierre céleste.

24

Mandat du ciel

« Dans la première année du règne de Qia Ping (1064), il y eut un bruit terrible, comme de tonnerre, à Chang Zhou, vers midi. Une étoile enflammée, aussi grosse que la Lune, apparut dans le sud-ouest. En un instant, il y eut un autre coup de tonnerre et l'étoile vira vers le sud-ouest, enfin avec encore un bruit de tonnerre, elle tomba dans le jardin de la famille Xu, dans le district de Yi-king. On vit un trou en forme de bol dans le sol, avec à l'intérieur la météorite qui brilla pendant longtemps. Même quand elle eut cessé de briller, elle était trop chaude pour que l'on puisse s'en approcher. Finalement, on creusa la terre et on trouva une pierre ronde de la taille du poing, encore chaude. Elle avait même couleur et même poids que le fer. »

La description est de Shen Gua, un astronome de la période Song. Pour les hommes de cette époque, un événement aussi rare ne pouvait signifier qu'une chose : l'empereur avait perdu le mandat du Ciel.

25

Le 8 mars 1976, une pluie de débris célestes tombe au-dessus de Jilin, en Mandchourie. Parmi eux, une masse de 1 800 kg. Les villageois l'examinent avec stupeur. Malgré leur éducation marxiste, ils l'interprètent comme un signe que le président Mao Zedong a perdu le mandat du Ciel. Le Grand Timonier meurt le 9 septembre de la même année.

26

Quand les troupes confédérées débarquèrent en 1856 à Tucson, en Arizona, elles découvrirent dans l'échoppe d'un maréchal-ferrant une curieuse enclume partiellement enfoncée dans le sol : « l'anneau de Tucson ». Celui-ci présentait une surface plate creusée en son centre d'un trou de 60 cm. C'était une météorite de 686 kg trouvée jadis dans les environs, constituée de fer et de nickel. Elle est aujourd'hui exposée au Smithsonian Museum de Washington.

27

En l'an 467 avant l'ère chrétienne, une énorme météorite tomba près d'Aegos Potamos, en Thrace. Cinq siècles plus tard, elle était encore visible et sa célébrité parvint aux oreilles de Pline :

« Les Grecs racontent à l'envi que, la deuxième année de la 78e Olympiade, Anaxagore de Clazomènes prédit, grâce à sa connaissance de la science astronomique, qu'à tel moment une pierre devait tomber du ciel ; et cela arriva en plein jour en Thrace, près d'Aegos Potamos. On montre encore la pierre du volume d'une charretée et d'une couleur brune ; et en même temps une comète brillait pendant les nuits. Si l'on croit à cette prédiction, il faut reconnaître que le pouvoir d'Anaxagore fut bien merveilleux et avouer que notre compréhension du monde s'effondre et qu'il règne une confusion générale, si l'on admet que le Soleil même soit une pierre ou en ait jamais renfermé une. Cependant on ne doutera pas qu'il tombe fréquemment des pierres. Dans le gymnase d'Abydos, on vénère pour cette raison, et de nos jours, une pierre de taille modeste, il est vrai, mais dont le même Anaxagore avait, dit-on, annoncé la chute au milieu des terres. Une pierre est aussi l'objet d'un culte à Cassandria, qui portait le nom de Potidée et qui fut colonisée pour ce motif. J'ai vu de mes yeux, dans le territoire des Vocontiens, une pierre qui venait d'y tomber[1]. »

---

1. Dans *Histoires naturelles,* Livre II, LIX, traduction J. Beaujeu, Les Belles Lettres.

Pline vécut entre 23 et 79, sous les règnes de Néron et de Vespasien. Il était amiral de la flotte de Misène, dans le golfe de Naples, lorsque l'après-midi du 24 août 79 se produisit l'éruption du Vésuve qui détruisit Herculanum et Pompéi. Il s'y rendit pour observer le phénomène et porter secours aux populations, mais il trouva la mort dans une nuée ardente (un nuage de gaz chauds et de débris de lave).

28

Aristote, s'il avait vécu au temps de Pline et non quatre siècles auparavant (384-322 av. J.-C.), aurait dit que l'amiral avait été tué par un « météore ». Le philosophe grec était un passionné de classification. Dans ses *Météorologiques*, il a voulu expliquer tous les événements régis, selon lui, par les échanges entre les quatre éléments constitutifs du monde. Chacun de ces éléments était lui-même la réunion de deux qualités. L'air (chaud-humide) et le feu (chaud-sec) produisent la plupart des phénomènes naturels, tels la pluie, la neige, la grêle, l'arc-en-ciel, les aurores boréales et les éruptions volcaniques.

29

Dans son souci de tout englober, Aristote a cru que les manifestations plus lointaines, comme les comètes, étaient aussi des exhalaisons atmosphériques. Sur la météorite d'Aegos Potamos, Aristote écrit que la pierre avait été soulevée par le vent et était retombée ensuite, l'apparition de la comète étant une coïncidence. Cela est l'occasion de rappeler que le mot météore vient du grec *meteôros* qui signifie « élevé dans les airs ». C'est la raison pour laquelle les monastères perchés sur les pitons du mont Athos, en Grèce, sont appelés Météores.

30

Parmi les phénomènes atmosphériques, les Anciens attribuaient beaucoup d'importance aux météores, notamment à titre de présages qui permettaient la divination. C'est pourquoi les philosophes, et particulièrement les atomistes, s'employèrent à les expliquer rationnellement, à les démystifier : « Si la crainte des météores et la peur que la mort ne soit quelque chose pour nous, ainsi que l'ignorance de la limite des douleurs et des désirs, ne venaient gêner notre vie, nous n'aurions nullement besoin de physique » (Épicure, vers 300 av. J.-C.).

31

Ayant appris la « météorologie » auprès d'Anaxagore, Périclès était fort au-dessus des superstitions, et regardait sans inquiétude les météores célestes dont s'épouvantent les esprits simples.

32

MAÎTRE DE PHILOSOPHIE. – Est-ce la physique que vous voulez apprendre ?

M. JOURDAIN. – Qu'est-ce qu'elle chante, cette physique ?

MAÎTRE DE PHILOSOPHIE. – La physique est celle qui explique les principes des choses naturelles et les propriétés du corps ; qui discourt de la nature des éléments, des métaux, des minéraux, des pierres, des plantes et des animaux, et nous enseigne les causes de tous les météores, l'arc-en-ciel, les feux volants, les comètes, les éclairs, le tonnerre, la foudre, la pluie, la neige, la grêle, les vents et les tourbillons.

M. JOURDAIN. – Il y a trop de tintamarre là-dedans, trop de brouillamini.

MAÎTRE DE PHILOSOPHIE. – Que voulez-vous donc que je vous apprenne ?

M. JOURDAIN. – Apprenez-moi l'orthographe.

Molière, *Le Bourgeois gentilhomme*, acte II, scène 5

33

Si M. Jourdain ne s'inquiétait guère, les anciens Grecs se plaignaient amèrement que la peur des météores gêne leur vie, et les Gaulois aussi, s'il faut en croire Astérix, craignaient que le ciel ne leur tombe sur la tête. Faut-il en conclure qu'il y avait davantage de météores à ces époques ? Nous, qui vivons bien plus longtemps que nos ancêtres, sommes très rarement importunés par les pluies de feu ou de cailloux. Peut-être est-ce notre mode de vie (télévision, éclairage public, …) qui nous empêche de voir les averses les plus fréquentes, faites d'étoiles filantes ? Ce sont surtout nos connaissances qui nous évitent de les interpréter comme des signes avant-coureurs de catastrophe. Démythifiés, inoffensifs, les météores sont tout simplement devenus invisibles au plus grand nombre. Sauf, bien sûr, les mastodontes qui épisodiquement frappent du poing sur la Terre.

34

Le 12 février 1947, une météorite de 70 tonnes s'écrase à Sikhote Alin dans les territoires maritimes de Sibérie, dévastant toute une forêt. Cette masse constituée de fer se fragmente en un millier de morceaux et forme plus de cent vingt cratères. Le plus vaste mesure 26 mètres de diamètre et 6 de profondeur.

35

Nous sommes en l'an 205 avant Jésus-Christ. Les troupes carthaginoises d'Hannibal ravagent l'Italie et menacent l'existence même de la république romaine. Après avoir assisté à la chute d'une impressionnante pluie de météores, les sénateurs romains consultent les oracles sibyllins. Ceux-ci prophétisent qu'Hannibal sera vaincu si la Pierre Mère est transportée à Rome. La Pierre Mère est une grosse météorite de forme conique, censée représenter la Mère de tous les dieux, et qui se trouve enchâssée dans un temple d'Asie Mineure, au royaume de Pergame. Une délégation romaine se rend auprès du roi de la place, Attale, pour le persuader de céder la pierre. Ce n'est qu'après un tremblement de terre que le monarque, effrayé, consent enfin à leur confier la relique. Un vaisseau sacré est construit, la météorite prend le chemin de l'Italie et parvient à Rome après avoir remonté le Tibre. Accueillie en grande pompe, elle est conduite en procession au Temple de la Victoire. L'opération provoque un regain de confiance et les soldats romains, galvanisés, parviennent à expulser Hannibal d'Italie. Dans la foulée, ils envahissent Carthage. En témoignage de gratitude, les Romains construisent un temple sur le mont Palatin, où la météorite est adorée pendant cinq siècles.

36

L'Anarchiste couronné

En Syrie, dans le temple d'Émèse, le dieu-Soleil, Baal, était vénéré sous la forme d'une pierre conique de couleur noire, que l'on disait détachée de lui. Son prêtre prit le nom du dieu, El Gabal. Proclamé empereur par l'armée romaine sous le nom d'Héliogabale en 218, à l'âge de 14 ans, il fit transférer la météorite à Rome à grands frais. Pour l'abriter, il ordonna la construction de deux magnifiques temples, l'un sur le mont Palatin, l'autre dans les faubourgs. Chaque jour, l'empereur en personne allait adorer la Pierre noire, vêtu d'une robe de soie, coiffé d'une tiare et les joues peintes en rouge et blanc. Dirigeant les chœurs, il dansait autour d'elle et lui sacrifiait de nombreux animaux. Un chariot sacré, incrusté d'or et de pierres précieuses, tiré par de grands chevaux à la blancheur immaculée, transportait la météorite d'un temple à l'autre. Aucun mortel n'était admis dans le chariot, à l'exception d'Héliogabale, qui tenait les rênes. Le culte de la météorite devint la religion officielle de l'Empire romain.

Cruel et dépravé, Héliogabale fut massacré en l'an 222 par sa garde prétorienne, lassée de ses extravagances. La météorite, ramenée en Syrie, réintégra le temple d'Émèse. Elle fut vraisemblablement brisée lors de la transformation du temple en église chrétienne, au IVe siècle. Le site n'a jamais été fouillé par les archéologues. À son emplacement s'élève aujourd'hui une mosquée.

L'histoire de l'empereur fou apparaît dans un autre monument, littéraire celui-là : *Héliogabale ou l'Anarchiste couronné*, d'Antonin Artaud (1934).

37

Roulements sourds, traînées de lumière lourde, glissade vertigineuse sur le tapis du ciel. Au dos d'un panneau représentant saint Jérôme en pénitence, daté de 1494, Albrecht Dürer a peint le bolide d'Ensisheim. Il est probable que Dürer, résidant alors à Bâle, fut témoin de sa chute. L'œuvre, conservée au Fitzwilliam Museum de Cambridge, en Angleterre, est l'unique représentation picturale d'une météorite dans l'histoire de l'art (les comètes, en revanche, sont légion).

38

« En l'an de grâce 1492, le septième jour de novembre, aux environs de midi, survint un grand coup de tonnerre accompagné de déflagrations et d'éclairs, puis une pierre de deux cent soixante livres tomba des airs. Les savants eux-mêmes disaient qu'ils ne savaient pas ce dont il s'agissait et qu'une telle pierre tombant du ciel serait quelque chose de surnaturel. »

L'événement est relaté par Sébastian Brant, poète et professeur à l'université de Bâle. Cette chute céleste a traversé un ciel couvert et sombre avant de s'abattre dans un champ de blé, près du village alsacien d'Ensisheim. Le seigneur de la ville, qui devait devenir l'année suivante le saint empereur romain Maximilien Ier, interpréta l'événement comme un signe de protection divine contre l'envahisseur turc ; il ordonna donc d'enchâsser l'objet dans l'église locale. Craignant que le talisman ne s'envole à nouveau vers le ciel pendant la nuit, les villageois enchaînèrent la pierre au mur de l'église. Plus tard, la météorite fut suspendue dans l'église d'Ensisheim sur ordre de l'empereur, qui la considérait comme un signe divin. Elle y resta jusqu'à la Révolution. Aujourd'hui c'est le trésor du village, exposé au musée de la Régence. Pesant 127 kg lors de sa chute, elle a subi au cours des siècles divers prélèvements, dont un morceau de 10 kg conservé au Muséum national d'histoire naturelle de Paris, et ne pèse plus aujourd'hui que 53,8 kg.

Elle a ses protecteurs attitrés : la confrérie des Gardiens de la Météorite. En l'honneur de cette pièce inestimable, la plus ancienne d'Europe, la confrérie organise depuis l'an 2000 une bourse aux météorites à Ensisheim, où un bon millier de visiteurs viennent faire leurs emplettes ou simplement jouer les curieux.

39

Pour qui sont ces cailloux qui sifflent sur nos têtes ?

La pierre est une pierre. Elle ne dit rien. Donc, elle dit ce qu'on veut. C'est le propre des présages. Perte de mandat pour les uns, protection divine pour les autres. Étrange, cette obstination à vouloir lire l'avenir dans un objet qui a tout à dire sur le passé…

40

Portrait du savant flou

Jules Verne a écrit en 1901 un roman intitulé *La Chasse au météore* dans lequel deux astronomes amateurs, Dean Forsyth et le docteur Hudelson, observent simultanément et indépendamment un bolide qui traverse le ciel. L'analyse spectrale permet de révéler la nature de l'objet céleste : il est constitué d'or pur. Un savant fou, Zéphyrin Xirdal, déroute le bolide au moyen d'un corps puissamment radioactif, le xirdalium, pour le faire tomber sur un terrain qu'il a acheté à cet effet au Groenland. L'aérolithe tombe sur la pointe nord-ouest de l'île, mais le sol cède bientôt sous son poids et le trésor s'abîme dans la mer, mettant fin à la rivalité entre ses inventeurs.

Cela ne vous rappelle rien ?

Hergé a déclaré ne jamais avoir lu Jules Verne. Dommage pour lui. Voyez comme c'est beau :

« Zéphyrin Xirdal était un personnage peu ordinaire. Long corps dégingandé, chemise souvent sans col et toujours sans manchettes, pantalon en tire-bouchon, gilet auquel manquaient deux boutons sur trois, veston immense aux poches gonflées de mille objets divers, le tout fort sale et pris au hasard dans un amoncellement de costumes disparates, telle était l'anatomie générale de Zéphyrin Xirdal, et telle était la manière dont il comprenait l'élégance. De ses épaules, voûtées comme le plafond d'une cave, pendaient des bras kilométriques terminés par d'énormes mains velues – d'une prodigieuse adresse d'ailleurs – que leur propriétaire ne mettait en contact avec le savon qu'à des intervalles indéterminés. »

41

La question de l'origine

À la suite d'Aristote, on assimila successivement les pierres tombées du ciel à des pluies prodigieuses, à des fragments de montagnes lointaines arrachés par le vent, à des laves éjectées par les volcans – dans tous les cas, à des matières d'origine terrestre. Jusqu'au début du XIXe siècle, l'origine cosmique de ces « pierres de foudre » était jugée impossible du point de vue de la physique.

42

Vous souriez ? J'aurais voulu vous y voir ! La matière sous forme de pierraille est bien la dernière chose qu'un homme sensé puisse imaginer en train de se balader dans les airs. L'eau, tant que vous voulez, le feu, à la limite, en décharges brusques, mais des cailloux, allons, soyons sérieux.

Dans le film *Magnolia*, de Paul Thomas Anderson, sorti en 1999, la dernière scène donne à voir un incroyable spectacle : des cataractes de grenouilles mortes s'abattent sur la Californie. Elles tombent du ciel comme des grêlons, s'écrasent sur les pare-brise, s'entassent au sol avec un bruit mat. Le spectateur, d'abord ébahi, hausse vite les épaules : pur délire d'artiste.

Il faut bien comprendre qu'avant l'astronomie scientifique, qui fit de l'Univers un immense objet matériel, les cailloux n'étaient pas plus imaginables là-haut que des charretées de grenouilles mortes.

43

Le débat sur l'origine des météorites rebondit à la fin du XVIIIe siècle, suite à un accroissement des chutes signalées et des spécimens trouvés.

Le premier événement déterminant fut une pluie de quelque 200 pierres, certaines pesant jusqu'à 1 500 g, qui s'abattit sur la cité médiévale de Sienne, en Italie, le 16 juin 1794. Les spectateurs relatèrent qu'un nuage s'était matérialisé en haute altitude dans le ciel crépusculaire, crachant de la fumée, des étincelles et des éclairs de lumière rouge. Il y eut ensuite une forte explosion, et des fragments pierreux tombèrent en cascade dans une prairie et un étang à l'extérieur de la ville. De nombreux touristes anglais visitaient Sienne à ce moment-là. Ils s'arrachèrent à prix d'or la plupart des spécimens collectés et ces souvenirs cosmiques circulèrent en Angleterre au retour des voyageurs.

44

Fumée et étincelles accompagnent souvent la chute d'une météorite, mais il est plus difficile d'accorder foi aux « éclairs de lumière rouge » ; ils auront pu être imaginés dans l'excitation générale.

45

Une autre chute eut lieu à Wold Cottage, un village du Yorkshire, en Angleterre, le 13 décembre 1795. Un ouvrier agricole assista de près à l'impact de la météorite.

Le trophée de pierre, pesant 25 kg, fut exposé dans un café de Gloucester. Un shilling l'admission.

46

Les chutes de Sienne et de Wold Cottage coïncidèrent avec des avancées théoriques réalisées par Chladni, d'une part, Howard et de Bournon, d'autre part.

47

Ernst Chladni, un juriste allemand reconverti à la physique, était fasciné par la science de l'acoustique et il avait fabriqué un nouvel instrument à clavier, l'euphonium. En 1792, il se rendit à l'université de Göttingen pour montrer l'appareil à son mentor, le physicien Georg Lichtenberg. La discussion dévia sur les conférences que ce dernier venait de donner au sujet des météores et des boules de feu. Le principal talent de Lichtenberg consistait à lancer en l'air des idées qui ouvraient de nouvelles perspectives et qui, en retombant, permettaient à d'autres de pousser plus loin les investigations. Il soutenait par exemple que les boules de feu étaient d'origine cosmique plutôt qu'atmosphérique.

Cette hypothèse enflamma l'imagination de Chladni. Celui-ci s'enferma dans la bibliothèque de la ville où il étudia les documents relatifs aux dix-neuf chutes de météorites historiquement répertoriées, huit d'entre elles depuis 1700. Dans son laboratoire, il examina minutieusement divers fragments constitués de pierre, de fer ou d'un mélange des deux. À cette dernière catégorie appartenait la Pallasite, une météorite de 680 kg découverte en 1749 près de Krasnoïarsk, en Sibérie. Peter Simon Pallas, naturaliste au service de l'impératrice Catherine II de Russie, avait exploré la Sibérie entre 1768 et 1773 et en avait rapporté cette grosse météorite à laquelle il donna son nom.

Dans un article historique publié en 1794, Chladni fit observer qu'aucun minerai de fer n'existait dans la région où cette roche était tombée ; un coup de foudre n'aurait pas pu transmuter en fer une pierre du lieu, ni soulever très haut dans les airs un pareil poids. Pour répondre à l'argument selon lequel cette masse de pierre et de fer aurait pu être façonnée par d'anciens habitants de la région, Chladni nota que la Sibérie ne disposait pas du minerai de fer nécessaire. Il ajouta que même si les peuplades primitives locales avaient réussi à en trouver, elles n'auraient jamais pu réaliser un mélange de pierre et de fer aussi uniforme que celui de la météorite de Krasnoïarsk.

Chladni, procédant par élimination, rejeta une à une les explications proposées, comme la foudre, les vapeurs terrestres ou les aurores boréales, au profit de la suggestion de Lichtenberg : les météorites venaient de l'espace interplanétaire. Il soutint qu'il s'agissait de petites masses de matière voyageant dans l'espace avant d'être capturées par l'attraction de la Terre ; elles pénétraient alors dans l'atmosphère de la planète et s'enflammaient, formant ces boules de feu que Lichtenberg et tant d'autres avaient décrites.

Chladni risqua une seconde hypothèse, encore plus hardie, sur l'origine même des météorites : elles étaient soit des résidus ayant échappé au processus de formation des autres corps célestes plus gros, soit au contraire des débris de leur explosion.

Pré-astres ou post-astres, Chladni fit des météorites les briques fondamentales du grand chantier cosmique.

48

Parallèlement, le chimiste anglais Edward Howard et le minéralogiste français Jacques-Louis de Bournon effectuèrent les premières analyses chimiques de spécimens, parmi lesquels des fragments de la Pallasite de Krasnoïarsk, des échantillons de la chute de Sienne, des miettes de celle de Wold Cottage, et d'autres météorites découvertes en Inde et en Croatie. Tous les échantillons examinés – qu'ils fussent pierreux, ferreux, ou les deux à la fois – contenaient du nickel, un élément extrêmement rare sur Terre dans les formations rocheuses normales. En relevant ce point commun à toutes les météorites, les deux savants éliminèrent définitivement l'argument selon lequel elles n'étaient que des formes exotiques de roches terrestres. Ce fut la seconde contribution décisive à la thèse de l'origine extraterrestre des météorites.

49

Les historiens des météorites présentent généralement Chladni comme le premier savant à avoir suggéré l'origine extraterrestre des météorites, dans son article de 1794. Il faut cependant lire Plutarque (46-125) pour découvrir que, dans ce domaine comme dans bien d'autres, les bonnes explications avaient déjà été fournies par des philosophes et savants grecs aux noms aujourd'hui oubliés. Plutarque, le premier biographe de l'histoire, commente la chute d'Aegos Potamos et les diverses interprétations qui en furent données :

« *Quelques-uns disent que les étoiles filantes ne sont pas des émanations ni des parcelles du feu de l'éther qui s'éteignent dans l'air au moment même où elles s'allument, mais naissent de l'arrachement et de la chute de corps célestes et tombent, non pas dans les endroits habités de la terre, mais le plus souvent en dehors, dans l'immensité de la mer, ce qui fait qu'on ne les voit pas*[1].

« Daïmachos rapporte qu'avant la chute de la pierre, on

---

1. C'est moi qui souligne.

avait vu dans le ciel, pendant soixante-quinze jours de suite, un corps embrasé d'une grandeur immense, qui ressemblait à un nuage enflammé. Ce corps n'était pas inerte, mais il se mouvait suivant des parcours compliqués et irréguliers, de sorte que, par l'effet de cette agitation et de ces mouvements désordonnés, des fragments ignés s'en détachaient qui volaient partout et brillaient comme les étoiles filantes.

« Quand ce corps fut tombé sous l'effet de son poids à cet endroit de la terre et que les habitants du pays, revenus de leur effroi et de leur stupeur, se rassemblèrent autour, ils ne virent ni apparence, ni trace d'un si grand feu, mais une pierre gisant à terre, fort grosse il est vrai, mais qui ne conservait rien de cette sorte de halo igné qui l'entourait dans le ciel. Si son récit est vrai, Daïmachos réfute victorieusement l'assertion de ceux qui affirment qu'il s'agit là d'un roc arraché au sommet de quelque montagne par les vents soufflant en tempête, et qui, soulevé et tournoyant comme une toupie, fut lâché et tomba à l'endroit où la force du tourbillon faiblit et se dissipa[1]. »

50

La chute de L'Aigle

Le 26 avril 1803, plus de 3 000 pierres s'abattirent en plein jour tout près du village de L'Aigle, en Normandie. C'en était trop. Les pouvoirs publics décidèrent de faire la lumière sur l'affaire. Chaptal, le ministre de l'Intérieur, dépêcha sur place le physicien Jean-Baptiste Biot. Ce dernier interrogea des dizaines de témoins et présenta son rapport à l'Académie le 17 juillet :

« Ils entendirent comme un coup de canon, ensuite un

1. Dans *Vie de Lysandre*, § 12, traduction E. Chambry, Les Belles Lettres.

coup double plus fort que le précédent, et celui-ci fut suivi d'un roulement qui a duré environ dix minutes et qui était accompagné d'un sifflement. Tous les paysans furent très effrayés. Les plus grosses pierres ont été lancées si violemment qu'elle sont entrées dans la terre au moins à un pied de profondeur. Elles sont noires extérieurement, et grisâtres intérieurement : il semble qu'il y ait dedans une sorte de métal. »

Biot fit valoir que tous les fragments collectés à L'Aigle étaient remarquablement similaires, mais sans ressemblance aucune avec les cailloux de la région. Pour lui, il était clair que les pierres de foudre étaient tombées de l'espace.

Des fragments furent analysés par le chimiste Antoine Fourcroy, qui fit lecture en séance publique de l'Institut de son *Mémoire sur les pierres tombées de l'atmosphère, et spécialement sur celles tombées auprès de L'Aigle, le 6 floréal an XI*, et confirma l'hypothèse de Biot.

Le débat sur la nature extraterrestre des météorites touchait à sa fin. Les fondements de la connaissance des météorites et de leur origine étaient établis. La reconnaissance des faits par les pouvoirs publics et par la science officielle ouvrit à la recherche sur les météorites une ère nouvelle. On s'engagea avec passion dans la suite logique de la discussion : de quel astre pouvaient provenir ces roches célestes ? Des savants réputés du moment, comme Laplace, Poisson ou Olbers, penchèrent pour l'hypothèse d'une éruption volcanique sur la Lune. Selon Camille Flammarion, la Lune devait comporter trois volcans, dont deux éteints. La théorie lunaire prévalut pendant un siècle, puis les météorites furent enfin comprises comme les vestiges de la formation du Système solaire – les messagères de notre propre enfance.

Malgré tout, une poignée de météorites sont bien d'origine lunaire, mais elles ont été arrachées par des impacts, et non par des éruptions volcaniques.

51

Traînée dans la solitude opaque des sentinelles
par un fil de lumière décousue
elle ouvre l'espace au vagabondage des sphinx
Les énigmes s'allument en effleurant la terre
C'est en refroidissant chez nous qu'elles se couvrent
[d'ulcères

La semence des mondes pétillants
livre des yeux morts à des trous inconnus
les cratères endormis d'éruptions à l'envers
Le feu grince en de lointaines divergences
et tire des salves de mystère
aux quatre coins du soir envahissant

L'étincelle vient durcir entre les cailloux
quand le guetteur saisit une parcelle d'orage
portant les pluies d'étoiles à l'imaginaire
des constellations de silences brillants
Faisant revivre les rois mages dans un pochoir
pour les enfants qui se désolent d'apparaître
il fouille les traces de la nuit plombante

Les sédiments de l'éternité se déposent doucement
là
où des questions s'envolent

Maurice Couquiaud, *Météorite*[1]

---

1. Dans *Un plaisir d'étincelles*, Groupe de Recherches Polypoétiques, 1985.

CHAPITRE 2

Tableau de famille

52

Ménagerie

Les météorites se divisent en trois classes principales selon leur composition. Les plus abondantes, les météorites *pierreuses,* sont formées de différents silicates, c'est-à-dire de cristaux dont la structure de base est un atome de silicium entouré de quatre atomes d'oxygène étroitement liés. Les météorites *ferreuses* (ou *sidérites*) consistent en un alliage de fer et de nickel, contenant parfois quelques silicates et des sulfures. Elles attirent les aimants. Les météorites *ferro-pierreuses* (ou *lithosidérites*) sont un mélange des deux types précédents.

53

Les météorites pierreuses constituent 92 % de toutes les météorites, les ferreuses 7 % et les ferro-pierreuses 1 %.

54

Pierres jaspées à nos mains découvreuses

Les météorites pierreuses sont subdivisées en *chondrites* et en *achondrites.* Les chondrites contiennent de petites sphères de silicates qui ont été portées à haute température, les *chondres.* Toutes les météorites qui ne contiennent pas de tels globules sont des achondrites. Elles présentent une gamme de compositions rocheuses, depuis les minéraux simples, par exemple de l'olivine (un silicate de fer et de magnésium qui doit son nom à sa couleur verte), jusqu'aux roches semblables à la lave basaltique (le basalte est une roche terrestre d'origine volcanique, qui résulte de la solidification rapide d'une masse fondue et dont la couleur varie du gris sombre au noir profond).

55

Si l'on broie une chondrite et que l'on approche un aimant de la poudre obtenue, on obtient deux tas inégaux. Le plus gros n'est pas magnétisé : sa composition est très proche de celle de la croûte terrestre, le péridot (un bien joli mot). Le second, nettement plus petit, est un mélange magnétique de fer et de nickel, tout comme le noyau de notre planète (et comme les météorites ferreuses). Au milieu du XIXe siècle, Édouard Roche, professeur d'astronomie à Montpellier, a été le premier à proposer un modèle de la Terre comportant un noyau dense, de constitution analogue à celle des météorites ferreuses, entouré d'une couche moins dense comparable aux aérolithes de nature pierreuse. Sa prédiction était juste : la Terre possède en effet un noyau en alliage de fer et de nickel entouré d'un manteau rocheux.

56

La Terre est donc en couches ce que la chondrite est en mélange. Logique, toutes deux proviennent du même matériau : le nuage de matière interstellaire qui s'est condensé en disque autour du Soleil en formation. Mais tandis que la météorite conserve ses composantes en amalgame, la Terre, par sa masse immense, les a décantés : les plus lourds au centre et les plus légers en surface.

Voilà donc pourquoi le nickel est si rare sur la Terre : elle l'a caché en son cœur.

57

Les chondrites sont encore subdivisées en fonction de leur composition chimique. Les *chondrites ordinaires* contiennent de petits grains de fer et de nickel broyés dans une matrice de silice et de chondres. Les *chondrites carbonées* renferment peu ou pas de métaux, mais leur haute teneur en carbone est le signe d'une altération chimique due à l'eau (quelle eau ? Laissons cela pour plus tard). Elles présentent une forte proportion d'éléments volatils et sont très oxydées, c'est-à-dire qu'elles contiennent des atomes d'oxygène qui se sont liés chimiquement à leurs propres molécules – l'oxygène adore se lier, c'est l'un des éléments les plus conviviaux de la création.

58

Résumons-nous

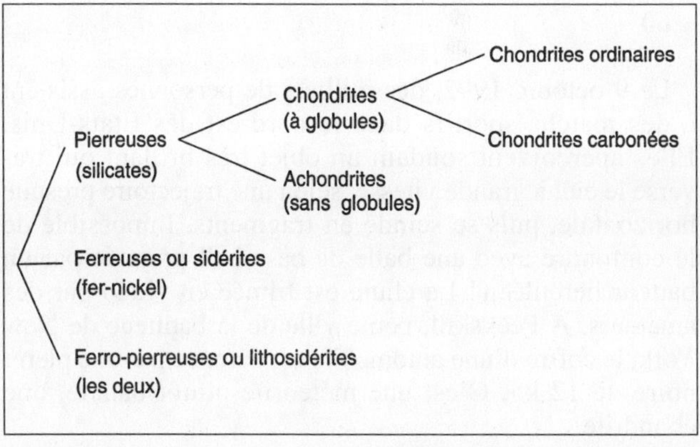

59

L'espace ne connaît pas le calystène

Le métal inconnu découvert par le professeur Calys dans l'aérolithe de *L'Étoile mystérieuse* n'a été détecté dans aucune météorite. En fait, il ne pouvait pas l'être, même à l'époque où Hergé écrivit l'album, puisque tous les éléments chimiques stables étaient déjà connus. Le tableau de Mendeleïev classe les éléments chimiques d'après le nombre de protons dans leur noyau. Depuis 1, l'hydrogène, jusque 94, le plutonium, toutes les cases sont prises (au-delà, les atomes que l'on peut produire artificiellement se désintègrent). Cela ne signifie pas que désormais l'Univers n'a plus de mystères, mais en tout cas il n'a plus de métaux inconnus. Prenez la Lune, le Soleil, Saturne ou même une galaxie lointaine, toutes choses y sont composées des mêmes éléments que sur Terre. Les météorites le montrent, la physique l'assure. N'est-ce pas infiniment troublant ? En termes de composants chimiques, notre petit monde de rien du tout est une image fidèle du grand Tout.

60

Le 9 octobre 1992, des milliers de personnes assistent à des matchs sportifs dans le nord-est des États-Unis. Elles aperçoivent soudain un objet très brillant qui traverse le ciel à grande vitesse, selon une trajectoire presque horizontale, puis se scinde en fragments. Impossible de le confondre avec une balle de base-ball projetée par un batteur herculéen ! La chute est filmée en vidéo par des amateurs. À Peekskill, petite ville de la banlieue de New York, le coffre d'une automobile est défoncé par une pierre noire de 12 kg. C'est une météorite plutôt banale, une chondrite.

Une chondrite se vend d'ordinaire 2 $ le gramme. De la météorite de Peekskill, on pouvait donc tirer 25 000 $. Mais comme cette pierre a percuté une voiture, sa propriétaire a pu en tirer le double. Les collectionneurs de météorites sont de grands sentimentaux : ils préfèrent acquérir des spécimens qui ont une histoire !

La vieille Chevrolet Malibu, elle aussi, est devenue une pièce de collection. Cotée tout juste 300 $ à l'argus avant l'accident, elle a été vendue aux enchères pour 9 000 $.

Vous savez ce qu'il vous reste à faire avant de revendre votre vieux tacot : le garer à l'air libre et attendre.

61

Cube

La Kaaba – littéralement : cube – est une construction de forme cubique à La Mecque, vers laquelle les musulmans se tournent pour prier cinq fois par jour. La Pierre noire dénommée *Al-Hajar al-Aswad*, scellée dans l'angle nord-est dc la Kaaba, est le trésor le plus sacré de l'Islam. La tradition veut que la pierre ait été « envoyée par le ciel ». Selon certains récits, elle aurait été apportée par l'ange Gabriel à Abraham. La pierre est censée flotter sur l'eau (elle serait donc moins dense que 1 g/cm ^{3}) et présenter de petites inclusions de cristal. Au fil des vicissitudes historiques, elle a été brisée en 15 fragments, pour finir enchâssée dans une monture d'argent et scellée dans le ciment. La surface aujourd'hui exposée à la vue et au toucher des musulmans mesure environ 16 cm sur 20. Elle est généralement considérée comme une météorite, mais il est évidemment impossible de la soumettre à un examen scientifique. Ce ne peut être une météorite ordinaire en raison de ses fractures et de sa faible densité. Certains chercheurs pensent qu'il s'agit d'une impactite, c'est-à-dire d'une roche terrestre fusionnée et mélangée à de la matière météoritique à la suite d'un impact. Cette impactite pourrait provenir du cratère de Wabar, en Arabie Saoudite, situé à 1 000 km de La Mecque. L'impactite de Wabar est en effet poreuse, donc moins dense que l'eau, et possède des inclusions de verre blanc et de sable.

62

Les météorites ferreuses, ou sidérites, peuvent se subdiviser en vingt groupes chimiques au moins, de sorte que les scientifiques préfèrent les classer par structures. Les octaédrites, par exemple, exhibent un motif de Widmanstätten détaillé.

63

Le métallurgiste autrichien Alois von Widmanstätten (1754-1849) eut un jour l'idée d'attaquer à l'acide nitrique dilué la section polie d'une météorite tombée en 1751 en Croatie (nous, les scientifiques, avons de ces idées bizarres… en fait, c'est sans doute ce qui nous caractérise). Il encra les planches produites et tira des épreuves. Il vit alors apparaître pour la première fois des figures qui portent aujourd'hui son nom (comme quoi nos idées bizarres peuvent rapporter gros, du moins symboliquement). Il s'agissait d'une disposition géométrique régulière des cristaux, structure qui résulte du lent refroidissement ayant suivi la brève mais intense période de chauffage qu'a connue la matière météoritique lors de sa formation.

64

Recette

Il faut s'armer de patience pour faire surgir les figures de Widmanstätten (de même que pour épeler leur nom). Elles sont enfouies dans les replis de la matière comme un bigorneau dans sa coquille. Pour se ménager un accès, on tranche d'abord la météorite en deux, d'un geste délicat mais net. Il faut bien sûr que sa taille le permette, ne vous échinez pas sur un grain de riz. La surface lisse ainsi créée doit être soigneusement polie, extrêmement polie, car elle va être confrontée à un acide des plus méchants. Immergez-la carrément dans l'horreur – acide picrique ou trinitrophénol dilué – et laissez-la se débrouiller pour un combat de plusieurs jours. C'est là que le miracle se produit. L'acide attaque sur tous les fronts, mais il n'est pas identiquement repoussé, selon qu'il rencontre du nickel ou du fer. Des reliefs se forment. Quand tous les combattants sont fourbus, retirez la pierre et lavez-la comme un bébé qui vient de naître. Les vilaines croûtes et traces de corrosion s'éliminent comme des squames. Il ne reste plus qu'à polir une nouvelle fois pour découvrir ce que tout ce tumulte a produit : une incroyable architecture spontanée, des entrelacs de dentellière. Parfois, les angles sont nets, tous les motifs sont construits de segments et polygones qui s'entremêlent, c'est la version cubiste de cette géométrie autonome. D'autre fois, des pastilles aux contours flous se disputent la vedette en s'adossant les unes aux autres, c'est la version tachiste. Vous avez devant vous une authentique œuvre d'art à laquelle ne manque que l'artiste. Ce sont « les seuls dessins que l'homme connaisse, qui ne soient pas terrestres[1] ».

65

Le fer céleste est inaltérable

Une dague de fer inoxydable a été découverte dans la

1. Roger Caillois, extrait de « Recette », dans *Minéraux*, Gallimard, 1970.

tombe de Toutankhamon, pharaon du XIVe siècle av. J.-C. Du fer inoxydable ? Comment est-ce possible ? Les analyses chimiques montrent que les impuretés de la lame sont essentiellement composées de nickel, ce qui signe son origine météoritique. Ce type de fer fut également utilisé en Chine et aux Indes, où un couteau censé posséder des pouvoirs magiques fut forgé à partir d'une météorite tombée en 1621. Le fer des météorites est natif (présent à l'état pur), donc inaltérable, tandis que le fer terrestre est toujours oxydé (combiné à l'oxygène) et finit par rouiller.

66

De nos jours, on utilise encore des météorites pour confectionner des objets courants. Des coupe-papier ou des fonds de montre, comme ceux fabriqués par certaines sociétés suisses et américaines. Les montres dont le cadran est réalisé dans de la météorite Gibeon sont vendues 1 500 euros. Pour un couteau, il faut compter 600 euros.

La météorite Gibeon, tombée en Namibie en 1836, a donné une pluie de plusieurs dizaines de tonnes. Le propriétaire du lieu, conscient de la valeur de ces morceaux de ferraille cosmique, exploite son champ de météorites comme d'autres exploitent leur champ de pommes de terre.

67

L'âge de fer a succédé à l'âge de bronze vers l'an 1100 av. J.-C. Les Hittites semblent avoir été les premiers à façonner des artefacts ferreux. Chez les Inuits du nord-ouest du Groenland, l'âge de fer aurait commencé grâce à la chute d'une grosse météorite ferreuse. Les Inuits disposaient en effet de lames de couteau et de pointes de harpon en fer, alors qu'il n'en existe aucun gisement à des milliers de kilomètres à la ronde. En 1894, un guide inuit conduisit un groupe d'explorateurs polaires dirigés par Robert Peary sur le site de chute de la météorite, au cap York. La pierre s'était fragmentée en trois morceaux pesant respectivement 34 tonnes, 3 tonnes et 500 kg. Ils furent péniblement transportés sur des navires après la construction d'une ligne de chemin de fer spéciale, et vendus au Muséum d'histoire naturelle de New York. Bien entendu, les Inuits n'empochèrent rien de la recette. Quinze ans plus tard, Peary fut le premier homme à atteindre le pôle Nord.

68

Le test du nickel

Broyez un gramme de votre météorite, dissolvez-le dans de l'acide nitrique chauffé, puis ajoutez quelques gouttes d'acide chlorhydrique. Dans la solution obtenue et refroidie, ajoutez de l'ammoniaque et filtrez. Saupoudrez de quelques gouttes de diméthylglyoxime. S'il y a du nickel dans l'échantillon, un joli précipité rouge cerise apparaît dans la solution. Vous êtes en possession d'une sidérite, ou encore météorite ferreuse. Et vous venez d'en perdre un gramme.

Les produits chimiques se trouvent dans n'importe quelle droguerie, à l'exception du diméthylglyoxime que l'on peut se procurer *via* Internet. Vingt euros le flacon.

69

Sidérante sidérite

Notez bien cette recette car il peut s'avérer fort utile de pouvoir procéder soi-même à quelque menu test d'identification, sans en passer tout de suite par un laboratoire de minéralogie. Vous ne vous sentez pas concerné ? Détrompez-vous. Une météorite, comme tout coup du sort, peut tomber dans n'importe quel jardin.

Moi-même, je viens d'être saisi par un hasard étonnant. Depuis vingt ans dans le métier d'astrophysicien, travaillant il est vrai sur des sujets quelque peu éloignés de notre bon vieux Système solaire, jamais je n'avais reçu le moindre courrier concernant une chute de météorite. Et puis, juste au moment de terminer cet ouvrage, voici le message qui m'arrive par courrier électronique :

Monsieur,

Le véhicule de mon père a été heurté violemment par un objet voici environ trois semaines dans une zone non habitée du nord de la France.

Alerté par une émission radio écoutée quelques jours auparavant et traitant du thème des météorites, mon père fut convaincu que l'objet était peut-être une météorite.

Après quelques recherches sur le lieu du choc, il trouva la seule pierre aimantée parmi celles trouvées au sol. D'aspect noir, de forme ronde, elle est également très lourde.

Afin de confirmer s'il s'agit ou non d'une météorite, pourriez-vous nous indiquer les coordonnées d'un correspondant auquel nous pourrions montrer et faire analyser cette pierre ?

Cordialement
F. P.

La même histoire qu'à Peekskill ! J'ai évidemment recommandé à mon interlocuteur de ne pas faire réparer sa voiture. Rien n'est encore sûr, mais tous les signes extérieurs plaident pour une sidérite : son aimantation, son poids, sa couleur, sa forme. Un test du nickel sera des plus utiles, après quoi il reste le test final : une authentification par le Muséum d'histoire naturelle, Laboratoire Minéralogie et Météorites, 61, rue Buffon, 75005 Paris.

Si l'origine extraterrestre de ce caillou se confirme, le père de F. P. pourra sans doute s'offrir une nouvelle voiture.

70

La plupart des météorites sont des fragments d'astéroïdes, ces petites planètes qui circulent entre Mars et Jupiter. L'énorme attraction de cette dernière perturbe la tranquillité des astéroïdes, décalant certains vers des orbites plus excentriques. Ces changements de trajectoires entraînent des collisions qui se produisent à une vitesse suffisante pour causer une fragmentation partielle. Des morceaux plus ou moins gros sont alors éjectés vers des orbites susceptibles de croiser celle de la Terre.

C'est, par exemple, une collision du gros astéroïde Vesta avec un autre corps qui serait responsable de toute une série de météorites qui gravitent autour de la Terre. Vesta a été étudié récemment par le télescope spatial Hubble. Il présente un gigantesque cratère d'impact, dont la profondeur met à nu les couches souterraines normalement enfouies sous la croûte. Selon les calculs des astronomes, le volume de matière arraché par cet impact équivaut à 1 % du volume total de Vesta, et il est suffisant pour être à l'origine d'une famille d'achondrites basaltiques regroupées sous le sigle HED : howardites, eucrites et diogénites.

71

Le lien entre météorites et astéroïdes est établi grâce à la connaissance de leurs éléments orbitaux, de leur spectre de réflectivité et de leur temps d'irradiation aux rayons cosmiques.

72

Orbite

Pour quelques météorites, l'orbite a pu être reconstituée parce que leur entrée dans l'atmosphère a été photographiée en plusieurs points. Dans tous les cas, le point d'origine de chaque orbite se situait en plein dans la ceinture d'astéroïdes.

73

Spectre de réflectivité

On appelle *albédo* le pourcentage de la lumière incidente qui est renvoyée par la surface d'un corps. Compris entre 0 (corps parfaitement absorbant) et 1 (corps parfaitement réfléchissant), il caractérise dans une certaine mesure la nature physique de la surface. Des informations plus fines sont données par le spectre de réflectivité, qui mesure l'albédo dans chaque bande de longueur d'onde. Le spectre de réflectivité des météorites concorde parfaitement avec celui d'un certain nombre d'astéroïdes – c'est un autre fort indice en faveur de leur lien de parenté.

74

Temps d'irradiation

Enfin, les traces laissées par la durée d'exposition aux rayons cosmiques montrent que les météorites ne sont exposées que depuis peu de temps (de l'ordre de 50 millions d'années) par rapport à leur âge (4,5 milliards d'années), ce qui implique une fragmentation relativement récente.

75

Tout comme les météorites, les astéroïdes, qui en sont la principale source, peuvent être classés en fonction de leur composition physique.

On distingue plusieurs types d'astéroïdes : les C, les M, les S, les V… mais nous verrons cela en détail plus tard.

76

La composition des météorites ferreuses est semblable à celle des astéroïdes de type M, qui seraient donc leurs corps parents. Celle des ferro-pierreuses est semblable à celle des astéroïdes de type S. La composition des chondrites ordinaires est semblable à celle des manteaux et des croûtes des planètes telluriques (planètes solides et non gazeuses). Les chondrites carbonées ont exactement la même composition que le Soleil, si l'on exclut les gaz et les éléments volatils (hydrogène, hélium, etc.). Leurs corps parents sont les astéroïdes de type C. Les achondrites sont semblables aux basaltes terrestres. Les météorites d'origine lunaire ou martienne sont toutes des achondrites.

77

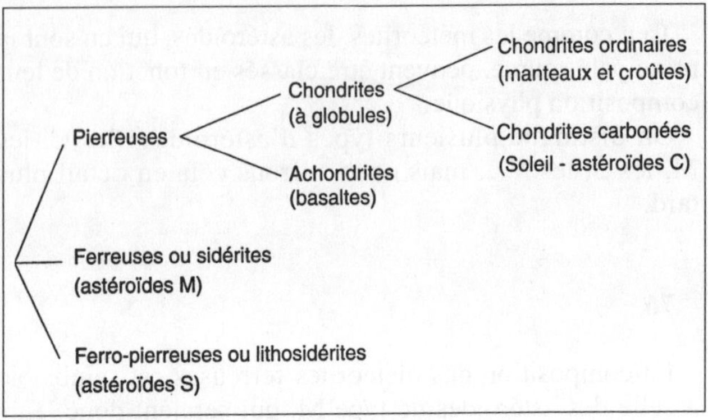

78

Bienfait

Une pluie de cailloux et de météorites
Des grêlons de cent kilomètres de rayon
Une belle pierraille, des blocs, des parpaings, des rochers
vont tourner dans l'espace autour de l'étoile en feu

Hervé Bienfait, *Planètes*

79

Les météorites les plus primitives sont celles qui présentent des chondres, ces globules d'environ 1 millimètre de diamètre. Les chondres ont été formés par fusion des grains de poussières de la nébuleuse solaire, fusion suivie d'un refroidissement brutal. Cet épisode se situe il y a 4,566 milliards d'années, lorsque le nuage de poussières et de gaz qui allait former le Système solaire s'est effondré brusquement, dans une grande élévation de pression et de température. Plus tard, la coagulation des grains refroidis a formé des grêlons, qui se sont de même amalgamés par collisions. Après 8 millions d'années sont apparus des embryons planétaires, les *planétésimales*, capables de collecter davantage de matière par l'attraction due à leur masse, et 100 millions d'années plus tard, les planètes avaient atteint leur taille définitive.

Les chondrites, peu modifiées depuis leur formation, gardent la mémoire des conditions qui régnaient aux premiers instants de la formation du Système solaire. En comparant la composition chimique des chondrites à celle du Soleil, on constate en effet que la répartition des éléments est identique, à l'exception des gaz volatils. Avec les chondrites, les chercheurs ont donc en main des échantillons de la nébuleuse qui a formé le Soleil et les planètes. Ils observent littéralement le placenta dont nous sommes nés.

80

Toutes les autres météorites sont différenciées, c'est-à-dire que le matériau qui les constitue a subi des transformations thermiques au sein de corps parents tels que les gros astéroïdes, et s'est décanté en couches de compositions chimiques distinctes. Les *eucrites*, une variété d'achondrites proches des basaltes terrestres, sont riches en éléments minéraux et pauvres en éléments métalliques : ce sont des échantillons de la croûte d'un astéroïde. Les *sidérites*, ou météorites ferreuses, constituées de fer et de nickel, proviennent du noyau. La comparaison des compositions chimique (quels éléments) et isotopique (quelles variantes de chaque élément) de toutes les météorites collectées a permis d'identifier une soixantaine de corps parents.

81

Le 18 janvier 2000, une boule de feu exceptionnellement brillante a été aperçue à l'aube au-dessus du Yukon, des Territoires du Nord-Ouest canadien et d'une partie de l'Alaska. La masse initiale de la météorite, avant son entrée dans l'atmosphère, devait être approximativement de 200 tonnes, ce qui correspond à un objet mesurant entre 4 et 6 mètres de diamètre. Les centaines de fragments recueillis avaient des masses comprises entre un et quelques kilogrammes. Connue désormais sous le nom de « météorite du lac Tagish », cette pierre céleste est un nouveau type de chondrite carbonée, qui pourrait être la première chute en provenance d'un astéroïde de classe rare, dite D.

82

Pierre d'Orgueil

Chue le 14 mai 1864 à Orgueil (Tarn-et-Garonne), cette chondrite carbonée, dont la masse totale était de 11 350 g, se composait d'une matière si friable qu'il n'en reste plus que de très petits fragments pulvérulents. On ne connaît que quatre autres météorites de ce type au monde, celle-ci étant de loin la plus massive. C'est un « morceau dégazé de Soleil », une louche d'étoile, qui sert de référence mondiale pour définir la composition isotopique du Système solaire.

83

« Choir n'est pas déchoir », disait Raymond Devos.

Il y a un savoir choir.

Le poids qui choit choit-il par choix ? Ou choit-il sans joie ?

Le voir choir sur un toit laisse sans voix. Mais croire au vouloir choir tient d'une foi maladroite.
Un envoi du grand Pacha noyé dans la soie ? Un anchois n'y croirait pas.
Car s'il échoit qu'Il fait choir des poires sur nos chars, il faut surseoir à croire qu'il nous choie.
Et s'Il ne nous choie pas, qui nous choiera ?
En tout cas pas le poids qui choit.

84

La matière est constituée d'atomes de différents éléments, classés dans la fameuse table de Mendeleïev. Chaque élément est représenté par un symbole, par exemple C pour le carbone ou Mg pour le magnésium, et associé à un nombre caractéristique : le « numéro atomique ». Celui-ci compte le nombre de protons. Le proton est une particule constitutive du noyau atomique, qui porte une charge électrique de signe positif. Un atome est électriquement neutre dans son état « normal », c'est-à-dire qu'il possède autant d'électrons, chargés négativement, que de protons. Les électrons enrobent le noyau d'un nuage neutralisant.

Mais le noyau atomique, en plus des protons, contient aussi des neutrons. Ce sont des particules élémentaires très semblables aux protons, de masse quasiment identique, mais qui ne portent aucune charge électrique. Le « nombre de masse » fait la somme du nombre de neutrons et du nombre de protons, et renseigne donc sur la masse totale du noyau d'un élément. Quand on dit Carbone 14 ou Uranium 238, c'est le nombre de masse qui est spécifié (mais pas quand on dit Nationale 7 ou Boeing 737 – il faut que l'élément provienne de la table de Mendeleïev).

Pour un élément donné, le numéro atomique est fixé, mais son nombre de masse peut varier. On a alors affaire à des *isotopes* de l'élément. Par exemple, l'élément le plus simple, le plus léger et le plus abondant de l'Univers, l'hydrogène (dont le noyau se réduit à un proton), possède deux isotopes beaucoup plus rares : le deutérium (un proton, un neutron) et le tritium (un proton, deux neutrons). De même, l'atome de carbone, qui possède normalement 6 protons et 6 neutrons et que l'on note donc carbone 12, présente deux isotopes, le carbone 13 (6 protons, 7 neutrons) et le carbone 14 (6 protons, 8 neutrons).

Les isotopes d'un même élément présentent les mêmes propriétés chimiques, mais ils diffèrent par leurs propriétés physiques. En effet, les propriétés chimiques – la façon dont un atome réagit avec d'autres – dépendent de la couche périphérique de l'atome, c'est-à-dire des électrons, dont le nombre est identique pour tous les isotopes d'un même élément. En revanche, le nombre de neutrons conditionne la stabilité d'un isotope. Car, et c'est là le point clé, un isotope dont le noyau comporte un trop grand nombre de neutrons a tendance à s'en défaire d'une façon ou d'une autre.

Certains isotopes sont donc instables, et se transforment plus ou moins vite en des atomes différents. Tel est le cas du carbone 14 déjà cité : tôt ou tard, un des neutrons de son noyau décide de vivre une vie plus positive et se transforme en proton. On passe ainsi d'un noyau à six protons et huit neutrons à un noyau à sept protons et sept neutrons, bref à l'azote 14, qui est stable. Le nombre de masse est resté le même, mais pas le numéro atomique : l'atome de carbone est devenu un atome d'azote.

85

Une demi-vie, c'est plus qu'on ne croit

Si un isotope est instable, il est qualifié de radioactif. Un isotope radioactif se désintègre à taux constant, quel que soit l'environnement dans lequel il se trouve. Ce taux de désintégration est exprimé par sa *demi-vie* (on dit aussi période), c'est-à-dire le temps nécessaire pour qu'une quantité quelconque de l'isotope soit divisée par deux. La demi-vie du carbone 14 est de 5 568 ans (à 30 ans près). Au bout de cette période, n'importe quelle quantité de carbone 14 s'est réduite de moitié (l'autre moitié est devenue de l'azote 14). L'élément radioactif le plus connu du public, et le plus décrié à cause des risques associés à l'industrie nucléaire, est l'uranium. Son isotope 238 prend 4,468 milliards d'années pour transformer la moitié de ses atomes en plomb 206. L'isotope 235, lui, se contente de 704 millions d'années pour se transformer à moitié en plomb 207. Ici, des neutrons *et* des protons sont éjectés du noyau. Le nombre de masse change, et le nombre atomique change aussi. On passe d'un élément chimique à l'autre. Dans les deux exemples cités, on dit que l'uranium est le père, ou le parent, et que le plomb est le fils. Quant au Saint-Esprit, comme dans la Bible, c'est la force qui transforme l'un en l'autre, ici la force nucléaire faible.

86

Malgré sa mauvaise réputation, la radioactivité est bien intéressante car elle permet la datation absolue de certains corps. Les scientifiques peuvent en effet mesurer la proportion entre les isotopes parents et les isotopes fils dans un échantillon ; connaissant la demi-vie du parent, ils peuvent calculer l'âge de l'échantillon.

La méthode la plus célèbre en ce domaine est la datation des restes organiques au moyen du carbone 14. En mesurant la quantité de carbone 14, on déduit l'âge de l'échantillon. Pour que l'analyse soit valable, il faut que le carbone 14 qui se désintègre n'ait pas été renouvelé. Les atomes de carbone 14 se forment en permanence dans la haute atmosphère. Chaque être vivant en assimile, et la quantité de carbone 14 qu'il contient reste constante. À la mort de l'organisme, l'assimilation du carbone 14 cesse et celui-ci commence à décroître. Moins il en reste, plus la mort de l'organisme est ancienne. La datation au carbone 14 du bois prélevé dans des tombes égyptiennes confirme très précisément le verdict des historiens, à savoir 4 500 ans. Mais celle des fibres végétales du saint suaire de Turin, réputé avoir recueilli le corps de Jésus à sa descente de croix, a démontré que c'est un faux datant du Moyen Âge…

Le carbone 14 permet de dater des objets dont l'âge est inférieur à cinquante mille ans. Au-delà, les quantités qui restent de l'isotope évanescent sont trop petites pour être mesurables : sur une période correspondant à dix demi-vies (55 680 ans), la quantité de carbone 14 initialement présente est divisée par 2^{10}, soit 1 024. En outre, il ne convient que pour les matières organiques. Pour dater des roches ou des météorites, il faut faire appel à d'autres horloges radioactives, de très longue période. On utilise par exemple le couple uranium 238 – plomb 206, le couple potassium 40 – argon 40, ou mieux encore, le rubidium 87 qui requiert le temps prodigieusement long de 48,8 milliards d'années pour se transformer à moitié en strontium 87. Avec pareille horloge, il est possible de dater les plus vieux objets de l'Univers, des étoiles naines âgées de 13 milliards d'années.

87

Pour qui sait les lire, les atomes radioactifs sont d'authentiques horloges. Le dosage des deux éléments d'un couple de désintégration permet de savoir à quand remonte le démarrage de l'horloge. Pour le carbone 14, ce « moment zéro » correspond à l'instant où l'organisme a cessé d'assimiler le carbone de l'atmosphère – à sa mort, donc. Pour une roche, le « moment zéro » correspond au contraire à sa naissance, si on décide d'appeler ainsi le moment où elle s'est solidifiée. En effet, avant de devenir caillou, la roche est tout d'abord un matériau fondu. Dans ce magma, le potassium radioactif se désintègre en argon et celui-ci, gazeux de son état, s'échappe au fur et à mesure de sa production. Puis, un beau jour, le matériau se refroidit, durcit et devient roche. Dès ce moment, l'argon issu du potassium reste prisonnier et s'accumule à taux constant. Il suffit alors de mesurer la proportion argon-potassium pour déterminer l'âge de solidification.

La datation radioactive a révélé que la plupart des météorites ont un âge comparable à celui du Système solaire : 4,5 milliards d'années.

88

De l'envol à la chute

Un second type d'horloge radioactive permet de retracer la durée pendant laquelle une météorite a voyagé dans l'espace interplanétaire, depuis le moment où elle s'est détachée de son corps parent jusqu'à sa chute sur Terre. La connaissance de cet « âge d'exposition » est possible grâce aux effets des rayons cosmiques. Ceux-ci sont constitués de particules à haute énergie (protons, électrons, etc.), produites dans le cœur des étoiles, qui parcourent l'Univers en tous sens. La plupart peuvent pénétrer d'un mètre dans la pierre et le métal et provoquer des réactions dans le noyau des atomes. Durant son séjour dans l'espace, une météorite est bombardée de rayons cosmiques, qui modifient sa composition. Par exemple, le magnésium bombardé se transforme en néon. Dans une météorite tombée sur Terre, on peut mesurer la proportion des isotopes « cosmogéniques », c'est-à-dire engendrés par les rayons cosmiques. Plus ils sont nombreux, plus longue a été la douche de rayons cosmiques auxquels la météorite a été exposée durant son périple interplanétaire. On évalue ainsi le temps écoulé depuis le moment où elle s'est détachée de son corps parent.

89

Les horloges cosmogéniques indiquent que la plupart des météorites ont été irradiées par les rayons cosmiques pendant quarante millions d'années, tout au plus. Moins d'un centième de leur âge.

Le scénario classique semble donc être celui-ci : les météorites sont faites de matériaux solidifiés au moment de la formation du Système solaire et qui font partie d'un corps parent (astéroïde, comète, planète, satellite) pendant très longtemps (quelques milliards d'années), jusqu'à ce qu'un choc ou un événement brutal les détache de ce corps et les expédie dans l'espace interplanétaire. Là, elles dérivent pendant un court instant (quelques dizaines de millions d'années) avant d'échouer sur la Terre, ou ailleurs bien entendu. Il s'agit d'un jeu de billard en somme, où les petits morceaux ne font que passer d'un gros morceau à l'autre.

90

Le 8 février 1969, peu après minuit, une lueur troue l'obscurité au-dessus de Pueblito de Allende, au nord du Mexique. Réveillés par une série de détonations, les villageois voient un objet brillant traverser le ciel et se briser en deux, chaque moitié éclatant encore et projetant de toutes parts des jets lumineux. Un avion qui explose, pensent les spectateurs, ou un satellite qui s'enflamme en touchant l'atmosphère terrestre. Aucun engin humain, pourtant, n'est responsable de ce feu d'artifice. C'est un énorme rocher qui vient d'exploser en plein ciel.

91

La météorite d'Allende, qui pesait une trentaine de tonnes, se pulvérise en des milliers de fragments tombant en pluie sur une surface de 450 km^2. La nouvelle de la chute se répand vite. En quelques jours, géologues, collectionneurs de météorites et chercheurs spécialisés accourent du monde entier pour récolter les débris extraterrestres.

Ils sont dispersés dans une zone elliptique de 50 km de long sur 10 de large, de grand axe parallèle au trajet de la météorite. Quand on y réfléchit, c'est très facile à comprendre. Si la pierre tombait à la verticale, ses débris, projetés en tous sens, s'éparpilleraient dans une aire circulaire. Mais le bolide traverse l'atmosphère selon une trajectoire oblique. Un cylindre coupé par un plan oblique est bien une ellipse…

Les fragments les plus petits, formant une sorte de gravier météoritique, sont retrouvés à l'entrée de l'ellipse, et le plus gros, pesant 20 kg, à l'autre extrémité ; entre les deux, la taille des morceaux va en croissant de façon régulière. C'est un vrai cas d'école du « champ de dispersion », ainsi qu'on appelle la distribution naturelle au sol de débris issus d'une explosion en altitude. L'accroissement progressif de la taille des fragments le long du champ de dispersion s'explique par le fait qu'une petite pierre rencontre plus de résistance à l'air, et tombe donc plus tôt qu'une pierre plus grosse.

3 000 kg de fragments d'Allende sont recueillis. Ils sont très faciles à localiser. Beaucoup présentent ces couches dures, sombres et brillantes qui caractérisent les croûtes de fusion. Dessous, la pierre est grise, constituée d'innombrables grains minéraux, parsemée de chondres et d'inclusions blanches.

92

Allende ne peut pas mieux tomber pour les scientifiques. C'est une météorite qui a du « savoir-choir ». Non seulement elle appartient à une classe rare de météorites – les chondrites carbonées, dont les constituants ont relativement peu changé depuis la création du Système solaire –, mais sa masse imposante fournit une généreuse quantité d'échantillons pour diverses analyses chimiques, isotopiques et microscopiques. Allende est aussi recueillie très rapidement après sa chute, et échappe donc aux contaminations terrestres et aux dégradations climatiques. Par-dessus tout, elle arrive précisément au moment où de nombreux laboratoires inaugurent de nouvelles techniques d'analyse en prévision de la mission lunaire Apollo, qui doit ramener des échantillons de notre satellite en juillet 1969. En attendant de décrocher la Lune, quelle meilleure mise en appétit, pour ces nouveaux appareillages, que de se mettre sous la dent une craquante météorite ?

93

Acte de naissance

Parmi les savants qui accourent dans la vallée d'Allende se trouve le chimiste Gerald Wasserburg, directeur d'un laboratoire d'études des roches lunaires et météoritiques à l'Institut de technologie de Californie. Après une étude exhaustive d'échantillons, Wasserburg et ses collègues géochimistes trouvent dans certaines inclusions blanches des concentrations anormalement élevées de l'isotope magnésium 26, qui n'a pas la même origine que le reste de la météorite. Or, le père du magnésium 26 est l'aluminium 26, un élément radioactif produit et éjecté dans l'espace lors de l'explosion d'étoiles géantes, ou encore supernovae. L'équipe de Wasserburg suggère donc que la source de l'aluminium 26 incrusté dans Allende est une supernova qui aurait explosé avant même la formation du Système solaire. Plus fort encore : elle pense que c'est l'onde de choc de cette explosion qui a déclenché la condensation de la nébuleuse gazeuse et la naissance du Système solaire lui-même.

Allende est donc une roche antérieure à la formation du Système solaire, qui se serait fait littéralement arroser par l'explosion fondatrice. Ensemencement cosmique ! Allende est un prodigieux livre minéral rédigé à la mairie de la Galaxie qui retrace l'acte de naissance de la Terre, des planètes et du Soleil. Reste à dater l'heureux événement. Le rapport isotopique uranium-plomb des inclusions blanches contenant le magnésium 26 donne précisément 4,566 milliards d'années : c'est l'âge du monde, de notre petit monde du moins (le grand monde, c'est-à-dire l'Univers, remonte à 15 milliards d'années).

94

À chacun son rêve

De la chondrite Allende, j'ai acheté un fragment de treize grammes que j'ai offert un jour à ma belle, pour son anniversaire. À son regard, j'ai compris qu'elle aurait préféré une bague, une perle ou une autre gemme bien terrestre. Alors j'ai repris la miette d'étoile exilée ici-bas et je l'emporte avec moi, dans mes conférences sur l'origine du monde. L'une de ses faces découpée, aplanie et lisse, laisse voir au cœur de la pierre grise les inclusions, diamants blancs issus des mille rayons et baisers d'une supernova. Je fais circuler le trésor parmi le public, prévenant les amateurs d'antiquités qu'ils tiennent quelques instants dans la paume de leur main un objet plus vieux que le monde lui-même.

95

Vertige du caillou

Imaginez-vous, imaginez-vous *vraiment*, ce moment du passé où la Terre n'existe pas encore ? Pas même le Soleil. Tout ce qui constituera notre système flotte à l'état latent, sous forme de nuage de gaz et de poussières. Et les atomes qui composent votre corps en ce moment, votre cerveau, l'essence même de vos pensées ? Je vous laisse deviner où ils sont. Disséminés, éparpillés dans cette grande soupe. Rien n'est engagé. Tout est possible. Mais Allende, ce caillou noir que vous pouvez triturer entre vos mains, Allende existe déjà. À ses yeux de corps pré-solaire, vous êtes aussi éphémère et anecdotique qu'un battement de cil dans une période de trois ans.

96

85 % de toutes les météorites sont des chondrites ordinaires. Mais en termes de poids, ce sont les métalliques qui dominent les collections de météorites de la planète, car elles résistent mieux à la dégradation que les pierreuses, et parce que leur grosseur exceptionnelle les rend plus aisées à identifier (voir le Jeu-concours du § 102). Moyennant quoi, le chercheur de météorites chevronné ne se satisfait ni des chondrites ni des ferreuses : il traque les très rares achondrites. Les plus précieuses sont une vingtaine de météorites d'origine lunaire et une trentaine d'origine martienne. Ce sont toutes des achondrites.

97

Certaines chondrites, longtemps supposées représenter un matériau vierge depuis sa formation voici quatre milliards et demi d'années, ont en réalité été altérées par des liquides (c'est-à-dire que les roches ont été partiellement décomposées en argile) au cours des dix premiers millions d'années qui ont suivi la formation de leurs astéroïdes parents. Mais on ignore où et quand s'est produit ce contact aqueux, ainsi que la nature précise du liquide. À l'aide de simulations d'ordinateur, les chercheurs avaient bien tenté de modéliser le processus d'altération liquide, mais ils se heurtaient à l'absence d'échantillons réels de météorites contenant des liquides, qui leur auraient permis de tester leurs modèles.

Les premières inclusions liquides ont été trouvées en 1999, dans une chondrite nommée Monahans tombée le 22 mars 1998 au Texas. Récupérée très vite et portée au Centre spatial Johnson de Houston, la météorite a été brisée et ouverte dans une salle aseptisée, moins de quarante-huit heures après sa chute. Pareille diligence minimisait le risque de contamination par un liquide terrestre. L'analyse a révélé la présence de cristaux de chlorure de sodium et de potassium contenant des inclusions liquides. Il s'agissait principalement de saumures (solutions contenant des sels), mais s'y trouvaient aussi du fer, du magnésium et du calcium. Les chercheurs ont suggéré deux origines possibles pour ces saumures : soit des liquides endogènes coulant déjà au sein de l'astéroïde parent, soit des liquides exogènes, déposés plus tard à la surface de l'astéroïde à la suite d'un impact avec un corps céleste contenant du sel, comme une comète. Dans l'un et l'autre cas, ces inclusions liquides prouvent que l'eau était déjà présente dans le Système solaire primitif.

98

Chue au Maroc en 1998, la météorite de Zag recèle de microscopiques trésors : des cristaux de chlorure de sodium enrichis en xénon. Ce gaz rare se forme par dégradation de l'iode 131, élément radioactif à courte durée de vie. Or, si celui-ci était présent au tout début du Système solaire, il est aujourd'hui inexistant sur Terre, ce qui confirme que les cristaux de chlorure de sodium sont bien d'origine extraterrestre, et non le fruit d'une contamination de la météorite de Zag par des matériaux d'ici-bas. Les chercheurs ont pu dater la formation de ces cristaux à deux millions d'années seulement après l'origine du Système solaire.

Le scénario est le suivant. La planétésimale dont faisait partie la météorite s'est d'abord rapidement agrégée en une masse rocheuse importante, renfermant de l'eau et des isotopes radioactifs. Sous l'effet de la chaleur engendrée par la radioactivité, l'eau s'est évaporée, laissant apparaître les cristaux de sel. Un morceau s'est alors détaché, probablement à la suite d'une collision avec un autre corps, et a engendré la météorite de Zag.

La marocaine Zag confirme ainsi ce que nous disait la texane Monahans : l'agglomération des gaz, des roches et de la poussière juste après la naissance du Système solaire s'est faite en présence d'eau. Les conditions propices à l'apparition de la vie étaient rassemblées dès l'origine.

99

L'Arlésienne du désert

En 1917, le capitaine Ripert trouve à Chinguetti, en Mauritanie, un petit bloc de 4,5 kg, extrait, affirme-t-il, d'une énorme masse métallique tombée dans la région. L'échantillon est analysé au Muséum à Paris et, à partir de 1930, la chasse à la météorite géante est lancée. L'explorateur Théodore Monod (1902-2000) l'a cherchée inlassablement tout au long de sa vie. La mystérieuse météorite sera un des principaux objectifs de sa mission de 1934-35. D'autres missions ont suivi, jusqu'en 1988, sans plus de succès. L'un de ses ouvrages, *Le Fer de Dieu*, fait le point de ses recherches et analyse toutes les hypothèses sur l'existence de cette arlésienne.

Si Théodore Monod n'a pas trouvé la météorite de Chinguetti, toutes ses pérégrinations dans le désert lui ont apporté l'occasion d'innombrables autres découvertes. Géologue, naturaliste et écologiste, il lui a suffi d'ouvrir les yeux, sur le chemin ouvert pour lui par la météorite.

100

Chacun cherche son chat

La météorite est un fil conducteur comme un autre. L'important, c'est de le suivre. Les chevaliers de la Table ronde couraient après le Graal, les physiciens du CERN traquent le boson de Higgs, et j'ai un ami qui parcourt le monde à la recherche de tous les enregistrements pirates de Jimmy Hendrix. Trouvera, trouvera pas ? Qu'importe au fond. Heureux qui comme Ulysse a vu du paysage !

101

PPDA. – La météorite de Chinguetti, ça vous a occupé une bonne partie de votre vie…

THÉODORE MONOD. – Ah oui, la météorite géante…

PPDA. – … et puis finalement vous avez été déçu ?

THÉODORE MONOD. – Finalement, elle n'existe pas. C'est une solution comme une autre. Évidemment, ce serait préférable de trouver une météorite de 40 mètres de haut ! Cet excellent capitaine Ripert avait trouvé une petite météorite. Parfaitement authentique. Elle est au Muséum, naturellement. Mais il avait dit : « À côté de la petite, il y en a une grande qui fait 40 mètres de haut sur 100 mètres de long. 40 mètres, c'est deux maisons l'une sur l'autre. C'est fabuleux ! C'est même probablement physiquement impossible. La plus grosse météorite connue dans le monde actuellement a deux mètres de long. Elle est en Namibie, dans un endroit qui s'appelle Hoba. Vous pouvez la voir, c'est facile à visiter. »

PPDA. – Donc, vous vous êtes dit : « Je vais aller voir celle qui fait 40 mètres » ?

THÉODORE MONOD. – Mais oui, il fallait chercher. Il fallait chercher dans les dunes. Pendant deux années de suite nous avons pataugé dans les dunes. Parce que ça aurait pu être aussi vers le sud-est de Chinguetti, alors que Ripert avait dit : « C'est au sud-ouest », mais il avait changé d'avis quand on l'avait consulté, etc., ce n'était pas très clair, même dans son esprit à lui. Et finalement, on est repartis sur les données de base, c'est-à-dire 45 km au sud-ouest de Chinguetti. Il avait mis 10 heures et demie pour y arriver. On peut très bien faire 45 km en 10 heures et demie, surtout si on fait du petit trot sur un reg dur. Et là, il y avait un rocher de 40 mètres de haut. Seulement, ce rocher n'était pas une météorite, ce n'était pas un alliage de fer et de nickel, c'était un grès banal, que j'ai appelé grès de Zli, autrefois, surmonté de quartzites du Tabgat, que j'ai appelé les grès du Tabgat aussi autrefois, quand j'ai fait la stratigraphie de l'Adrar de Mauritanie. Donc, la solution de cet énorme problème, qui avait intéressé les astronomes pendant cinquante ans, c'était une méprise entre deux natures de roches différentes. Et ce personnage est d'autant plus coupable que nous avons découvert dans son dossier personnel, aux archives des armées de terre à Vincennes, qu'il était licencié ès sciences naturelles. Or, un officier d'active licencié en sciences naturelles, il y en a un par siècle !

PPDA. – Et il a dit des bêtises quand même.

THÉODORE MONOD. – C'est incroyable.

Théodore Monod
entretien avec Patrick Poivre d'Arvor
dans l'émission *Ex Libris* en 1992

CHAPITRE 3

Le rouge et le blanc

102

Jeu-concours

Quel est le poids total de toutes les météorites officiellement répertoriées entre 1740 et 1990, à l'exclusion de celles trouvées en Antarctique ?

Indice : on parle ici de 4 660 objets.

Notez que toute chute ou trouvaille compte pour une seule météorite, même si celle-ci s'est fragmentée en mille morceaux.

Réponse : 494 625 kg.

C'est infinitésimal par rapport à la montagne qui est réellement tombée. Déçu, l'huissier de justice en présence duquel devait se faire le pesage exact est parti avant la fin. Voici la répartition statistique de ce wagonnet.

Type	*Nombre de chutes* en %	*Nombre de trouvailles* en %	*Poids des chutes*	*Poids des trouvailles*
Pierreuses	95,0	79,8	15 200	8 300
Ferro-pierreuses	1,0	1,6	525	8 600
Ferreuses	4,0	18,6	27 000	435 000

Cela sans tenir compte des météorites récoltées en Antarctique, qui forment un groupe à part. En effet, ne va pas en Antarctique qui veut. Mais ceux qui y vont ne reviennent pas les mains vides. Depuis trente ans, les scientifiques ont récolté en Antarctique trois fois plus de météorites que dans tout le reste du monde en deux siècles et demi. Soit environ douze mille nouvelles découvertes.

103

Planètes et astéroïdes s'étant formés à partir d'un disque en rotation autour d'une étoile, tout ce petit monde circule plus ou moins dans le même plan. La plupart des météorides voyagent donc dans ou près de l'écliptique – le plan de l'orbite terrestre –, lui-même proche de l'équateur, et leur trajectoire est pratiquement parallèle aux terres situées près des pôles Nord et Sud de notre planète.

Pour fixer les idées : une boule circulant dans un flux équatorial prend moins de coups sur les pôles. Ceux-ci reçoivent donc moins de chutes au kilomètre carré que les autres régions du globe. Les spécialistes des météorites ont par conséquent longtemps négligé ces deux extrémités du monde pour récolter les trésors célestes. Mais en 1969, des glaciologues japonais explorant la calotte Antarctique tombèrent sur neuf fragments météoritiques disséminés sur une surface de quelques kilomètres carrés à peine. La proximité des débris évoquait le champ de dispersion d'une météorite unique, mais l'analyse en laboratoire montra que les neuf pierres provenaient d'au moins quatre chutes différentes. Comme une seule chute est en elle-même extrêmement rare en un point donné du globe, la plupart des astronomes refusaient l'idée que quatre météorites indépendantes pussent avoir atteint la même petite région de l'Antarctique.

Quelques années plus tard, les géologues s'attaquèrent à l'énigme. Ils supposèrent que certains processus terrestres naturels avaient concentré les météorites dans la zone de leur ramassage. Cela fut confirmé par des études glaciologiques effectuées en 1977, qui reconstituèrent le mécanisme de transit des météorites antarctiques : les météorites chutant sur la calotte glaciaire sont recouvertes par la neige, qui, en s'accumulant, se comprime peu à peu en glace. Sous l'effet de son poids, la glace finit par descendre les pentes en direction de la mer, transportant avec elle les météorites emprisonnées, ainsi que des bulles d'air. Dans certaines régions côtières, la glace en dérive rencontre un obstacle : une pente montagneuse ou un « nunatak » – une douce colline, sommet d'une montagne enfouie. Les pierres tombées en pluie sur une région très étendue sont de cette façon canalisées vers des aires de collecte relativement réduites. Le blizzard, qui souffle avec rage sur le plateau Antarctique, dégage progressivement les pierres enfouies, tout en érodant et en aplanissant la glace environnante. Les bulles d'air s'échappent de la masse glacée et lui confèrent peu à peu une pure couleur bleue. Et, sur la bleuité glacée, les miettes sombres des météorites deviennent faciles à repérer, par avion ou par satellite.

104

S'il est assez facile de ramasser les météorites en surface, il est beaucoup plus difficile de collecter celles qui sont enfouies dans la masse. La glace est solide, glissante, dure comme la pierre. Chaque année, une expédition américaine nommée ANSMET (Antarctic Search for Meteorites) part pour l'Antarctique pendant la période d'été, d'octobre à début janvier, lorsque la neige et le blizzard sont peu abondants et que le soleil ne se couche jamais. Une fois qu'un champ de glace bleue est identifié, les membres de l'expédition sillonnent sa surface sur des motoneiges, cherchant partout d'éventuelles météorites. Quand une pierre est localisée, l'équipe note sa position, sa taille, sa couleur, l'épaisseur de sa croûte de fusion, son type probable et tout autre élément d'importance. Certains outils utilisés pour la collecte ressemblent à ceux utilisés par les astronautes des missions lunaires Apollo. Les roches sont manipulées avec des instruments en acier inoxydable et sont immédiatement scellées dans des récipients stériles, afin d'éviter toute contamination. Les météorites collectées sont stockées dans de la neige carbonique afin de simuler les conditions d'origine, et envoyées à l'Antarctic Meteorite Laboratory du Centre spatial Johnson, à Houston. Là, elles sont examinées, classées et stockées. Elles sont manipulées en environnement stérile, dans des chambres remplies d'azote, de manière à éviter une contamination terrestre et une altération chimique par exposition à l'air libre.

105

De la Lune à la Terre

L'une des zones de l'Antarctique les plus fécondes en météorites est située près d'Alan Hills, en Terre de Victoria. En janvier 1982, le géologue américain John Schutt y découvre une petite pierre noire de 31 g qui devient le sujet d'un volume complet de la revue spécialisée *Geophysical Research Letters*. La pierre – nommée ALH A 81005 parce qu'elle est la cinquième météorite trouvée à Alan Hills par l'expédition A durant l'été austral 1981 – mérite la vedette pour une bonne raison : elle tombe de la Lune !

On en acquiert la certitude après expédition et analyse d'échantillons auprès d'une vingtaine de laboratoires du monde entier. Les tests démontrent que ALH A 81005 contient des milliers de petites inclusions vitreuses et de particules rocheuses encastrées, deux caractéristiques des roches lunaires rapportées par les astronautes des missions Apollo entre 1969 et 1972. Depuis, une vingtaine de météorites ramassées tant en Antarctique qu'au Sahara ont révélé leur origine lunaire. Les planétologues supputent que ces « lunarites » ont été éjectées de notre satellite voici plusieurs millions d'années par les impacts de gros astéroïdes.

106

Lunarite toi-même !

Depuis que l'humanité a levé les yeux vers le ciel (et remarquez bien qu'il s'agit là d'une activité strictement humaine – avez-vous jamais vu votre chien lever la truffe et contempler la voûte céleste ?), elle a toujours désiré la Lune. La Lune était l'astre gracieux par excellence, moins terrifiant que le Soleil et plus compatissant que les étoiles ; c'était une perle dans notre ciel. Pendant des siècles on s'époumona vers elle en pure perte. Enfin, vers la fin du XXe siècle, on trouva les moyens de s'y rendre, à grands frais, et non seulement cela mais d'en revenir, dûment lesté de 382 kg de l'astre convoité. Tout cela pour réaliser un peu plus tard que la Lune était déjà sur Terre. Sous forme de miettes, il est vrai, mais en pierre et en roc tout de même.

Comme souvent, il a fallu de longs détours pour s'apercevoir que l'on avait tout à portée de la main ce que l'on s'imaginait devoir aller chercher aux cent mille diables. Si seulement on y avait pensé plus tôt.

Comme disait Gainsbourg : « Y a qu'à se baisser, mais c'est ça qui est difficile. »

107

Au matin du 3 octobre 1815, les habitants de Chassigny, un petit village proche de Dijon, sont brusquement réveillés par des détonations très inhabituelles. Ils découvrent rapidement l'origine du vacarme : quatre kilogrammes de roches tombées du ciel viennent de s'abattre à proximité.

À cette époque, la nature extraterrestre des météorites vient seulement d'être comprise : la chute historique de L'Aigle remonte au 26 avril 1803. Ramassée et analysée, la météorite de Chassigny (« la Chassigny », comme on dit d'une diva) intriguera des générations de chercheurs par ses caractéristiques très inhabituelles pour une pierre céleste : elle paraît sortir tout droit d'un volcan ! Elle ressemble, en effet, à une roche formée par l'accumulation de minéraux au fond d'une chambre magmatique. Presque exclusivement composée d'olivine, elle renferme également des inclusions vitreuses et une foule microscopique de minéraux accessoires, comme des feldspaths, des oxydes et des sulfures. En outre, les fractures qui la parcourent sont obstruées par des carbonates et des sulfates, ce qui atteste d'un contact passé avec de l'eau liquide… Mystère, mystère.

108

Même scénario le 25 août 1865 à Shergotty (Inde) : détonation, chute, récolte de 5 kg à l'arrivée. Ici aussi, les débris ramassés ressemblent à s'y méprendre à des roches basaltiques. Sans que, bien sûr, la moindre éruption volcanique ait été signalée.

109

Le 28 juin 1911 à 9 heures du matin, une pluie de météorites s'abat près du village de El-Nakhla en Égypte, non loin d'Alexandrie. Les fragments rocheux, qui proviennent de l'explosion d'une seule et même pierre, s'éparpillent sur une zone elliptique de 4,5 km de long. La chute de chaque bolide est marquée par une colonne de fumée blanche. En arrivant au sol, l'un d'eux frappe mortellement un chien, qui devient la première victime connue d'une chute de météorite. Outre le toutou, une quarantaine de blocs rocheux sont ramassés, d'un poids total de 10 kg.

110

Les trois événements ne sont pas indépendants, comme on pourrait le penser de prime abord. Les météorites de Chassigny, Shergotty et Nakhla sont les premières d'un groupe exceptionnel comptant aujourd'hui deux douzaines de pierres, sur plus de vingt mille météorites ramassées. Après des années d'enquête, les détectives ont atteint une conclusion surprenante : ces grosses pierres de l'espace sont vraisemblablement des morceaux de la planète Mars.

Classées sous le nom de « SNC », en référence à leurs lieux de chute, ces météorites sont toutes des roches magmatiques ou volcaniques hydratées, ce qui indique la présence d'eau dans leur corps parent. Ensuite, elles se caractérisent par une répartition des isotopes de l'oxygène tout à fait particulière, nettement différente de celle de la Terre, de la Lune ou des astéroïdes classiques. Pour les géochimistes, cela prouve leur origine 1) commune et 2) distincte de toutes celles qu'on connaît. En effet, il existe des variations importantes du rapport isotopique de l'oxygène au sein de toutes les roches ; les concentrations relatives en oxygène 16 et oxygène 18 dépendent sensiblement de la façon dont une roche s'est formée, et chaque gisement terrestre (par exemple de diamants, d'émeraudes,…) présente un rapport isotopique qui lui est propre. C'est la même chose dans l'espace. Si deux météorites possèdent un rapport isotopique différent, elles proviennent forcément de deux réservoirs distincts. *A contrario,* si elles sont isotopiquement jumelles, elles doivent être issues du même corps. Chaque astre possède ainsi sa « signature isotopique » dans les rapports des différents types d'oxygène, et la nouvelle signature détectée devait venir d'un corps dont on ne possédait encore aucun morceau.

Enfin, les SNC sont relativement jeunes, avec un âge de solidification allant de 160 millions d'années pour la Shergottite à 1,3 milliard d'années pour la Chassigny et la Nakhlite. Un clin d'œil en comparaison de l'âge habituel des météorites issues d'astéroïdes, qui toutes ont un âge de formation voisin de celui du Système solaire, 4,5 milliards d'années.

Les SNC auraient donc été éjectées dans l'espace après avoir été formées sur un même corps lointain, suffisamment massif pour avoir entretenu récemment une activité magmatique et volcanique en présence d'eau.

Ces pierres ne peuvent pas provenir d'astéroïdes, car ceux-ci ne possèdent pas une taille suffisante pour conserver une activité volcanique pendant plusieurs milliards d'années. Les SNC proviennent plutôt d'une planète ou d'un gros satellite de planète.

Les astronomes ont rapidement éliminé la Lune, dont la chimie est différente et où l'on pense que l'essentiel de l'activité géologique a cessé il y a trois milliards d'années. Ils ont également éliminé Mercure, puisque presque tous les débris délogés de cette planète seraient entraînés sur des orbites serrées autour du Soleil, ayant peu de chance de remonter à hauteur de la Terre. Vénus a également été jugée une source improbable ; son épaisse atmosphère et sa gravité puissante (88 % de celle de la Terre) empêcheraient la plupart des corps de sa surface d'atteindre la vitesse de libération. Les planètes extérieures, trop gazeuses pour produire des météorites solides, n'ont jamais été des candidats plausibles. Il ne reste donc que Mars.

111

La Planète Rouge réunit tous les critères. Bien que refroidie à présent, elle a été longtemps volcaniquement active. Son atmosphère de surface est peu dense (aussi peu que l'air terrestre à 25 kilomètres d'altitude), et sa gravité n'atteint que 38 % de celle de la Terre, offrant une faible résistance aux chocs des pierres de l'espace.

Mais le principal argument en faveur de l'origine martienne des météorites SNC a été apportée par une nouvelle découverte : la météorite EET A 79001, ramassée en Antarctique en 1979. Celle-ci fait partie de la même famille que les SNC (chacune des trois pierres historiques, Chassigny, Shergottite et Nakhlite, montre des caractéristiques de composition particulières qui font que l'on partage en trois catégories les météorites martiennes selon que l'on se rapproche de l'une ou de l'autre). EET A 79001 est une Shergottite, dans laquelle on a découvert de petites poches vitreuses renfermant un gaz atmosphérique. On a soumis la roche à un dégazage progressif, plaçant l'échantillon sous vide et chauffant celui-ci jusqu'à 1 500 °C. On a pu déterminer alors la composition isotopique des gaz libérés pendant le chauffage : hélium, néon, argon, krypton, xénon et azote. Or, la composition de ces gaz est exactement identique à celle de l'atmosphère martienne, analysée par les sondes Viking.

112

De Mars à la Terre

La distance entre Mars et la Terre varie entre 55 et 400 millions de kilomètres. Comment des rochers assez gros pour survivre à leur voyage jusqu'à la Terre ont-ils pu être expulsés de la surface martienne ? La vitesse de libération nécessaire, 5 km par seconde, bien que moitié moindre de celle requise pour s'échapper de la gravité terrestre, est hors d'atteinte de la force de propulsion engendrée par tous les types connus d'activité volcanique.

Les astronomes ont donc envisagé une seconde possibilité : les météorites martiennes auraient été projetées dans l'espace par l'impact d'un gros astéroïde sur la Planète Rouge. Le choc peut labourer la surface et conférer suffisamment d'énergie à des roches pour qu'elles échappent à l'attraction martienne, même si elles sont logées à plusieurs kilomètres de profondeur.

La moitié environ des fragments éjectés finit par retomber à la surface martienne, et sur ceux qui se sont définitivement affranchis, la moitié est projetée hors du Système solaire par la gravité de Jupiter. Le quart restant gravite autour du Soleil en trajectoires elliptiques qui croisent l'orbite martienne. Les débris passent des millions d'années à errer au hasard, ballottés par les vagues de gravité imprimées par Jupiter et Mars. Certains finissent par repasser suffisamment près de leur planète mère pour subir de sa part une poussée gravitationnelle. La ruade les expédie hors de leurs anciens chemins, sur des trajectoires plus excentriques qui coupent l'orbite de la Terre. De temps à autre, un débris passe si près de la Terre qu'il est capturé par la gravité de la planète. Plongeant dans l'atmosphère, le rocher vient enfin terminer son périple chez nous. C'est une météorite martienne.

113

Faudrait savoir !

Voilà que la gravité repousse les corps à présent et les envoie même hors du Système solaire ? On aura tout vu !

Elle ne les repousse pas. Elle les dévie, dans la mesure où ils ont une vitesse suffisante pour ne pas être capturés. Expliquons-nous.

La gravitation peut être vue comme une déformation de l'espace. Si celui-ci était une toile (plaçons-nous à deux dimensions pour simplifier), cette toile serait élastique et chaque étoile ou planète y creuserait une cuvette d'une profondeur proportionnelle à sa masse. Prenons maintenant un caillou qui surfe sur la toile. S'il passe près d'une cuvette, il risque d'y tomber. Mais tout dépend de sa vitesse. S'il est vraiment rapide, il ne fera que mordre légèrement le bord de la cuvette pour en ressortir aussitôt, mais avec une direction modifiée, exactement comme s'il avait reçu une pichenette. Une pichenette de Jupiter peut évidemment vous expédier très loin. Une pichenette de Mars peut vous expédier… sur la Terre !

Notez qu'on utilise le même principe pour diriger des sondes spatiales qui rebondissent d'une cuvette à l'autre sans dépenser d'énergie pour infléchir leur trajectoire.

114

Si ce scénario soutient l'hypothèse de l'origine martienne, un désaccord reste à élucider. La datation minéralogique indique que les miettes martiennes ont subi de violents chocs voici 200 millions d'années, vraisemblablement lors de l'événement qui les a éjectées de Mars et les a lancées dans leur long périple vers la Terre. Mais la datation cosmogénique, fondée sur les altérations nucléaires causées par le bombardement des rayons cosmiques que toute météorite subit dans l'espace, indique que les SNC n'ont pas été exposées pendant plus de dix millions d'années. Comment concilier âge d'éjection et âge d'exposition ?

La clé de l'énigme réside probablement dans la fragmentation des météorides. Après des millions d'années passés à changer continuellement d'orbite, une grosse roche éjectée de Mars heurte un autre débris cosmique dérivant dans l'espace et se brise en morceaux. Son cœur, jusqu'alors protégé, est mis à nu, et ses atomes subissent des transformations nucléaires sous l'averse de rayons cosmiques. Le noyau exposé continue à graviter autour du Soleil pendant encore dix millions d'années, dérivant constamment sur de nouvelles trajectoires et finissant par échouer sur Terre.

115

Sommes-nous certains que ces cailloux sont martiens ? Tout le monde n'en est pas convaincu. D'abord parce que certaines mesures effectuées par les sondes Viking sur l'atmosphère de Mars sont imprécises. Ensuite, parce que l'on a trouvé à ce jour moins de météorites provenant de la Lune que de météorites provenant de Mars, alors que la Lune est 400 fois plus proche de la Terre que la Planète Rouge. Logiquement, on devrait trouver beaucoup plus de météorites lunaires que de météorites martiennes.

La nature martienne des météorites SNC ne pourra être absolument prouvée qu'avec le retour d'échantillons de Mars, mais ces pierres sont dès à présent considérées par la plupart des chercheurs comme de véritables fragments de la Planète Rouge.

Si tel est bien le cas, elles sont d'une importance capitale. Elles permettent, après des analyses très fines (hors de portée des analyses *in situ* prévues pour les futures sondes spatiales martiennes), d'identifier de nombreux processus géochimiques et de dater de manière absolue les terrains martiens. Seule la Lune a pour l'instant pu être datée avec précision, grâce aux échantillons rapportés par les missions Apollo.

116

À la manière de… Vialatte

De Mars, bonne nouvelle. Un dieu rouge y a créé son petit monde et l'expédie ici-bas. Les Martiens nous causent, mais il faut comprendre leur jargon. Voici, pour simplifier beaucoup, la clé de l'affaire.

Les principaux composants identifiables dans le menu peuple martien sont l'olivine, le pyroxène et les feldspaths. L'olivine, de formule générale $(Mg,Fe)_2SiO_4$ bien entendu, est un silicate se déclinant en plusieurs variétés, dont la forstérite qui contient uniquement du magnésium et la fayalite qui contient uniquement du fer. Le pyroxène est un silicate ferromagnésien cristallisant dans le système orthorhombique (orthopyroxène) ou monoclinique (clinopyroxène). Entre les deux il faut savoir choisir. Parmi les orthopyroxènes, on cite l'enstatite, pôle magnésien sans fer, l'hypersthène, avec plus du tiers de magnésium, et la bronzite qui en a moins. Il n'y a qu'à voir d'ailleurs les jeunes femmes sur la plage au mois d'août. Bien que magnétiques et maniérées, elles n'en sont pas moins très pauvres en magnésium. Chez les clinopyroxènes, on rencontre les ferromagnésiens calciques comme l'augite, la diospide et la pigeonite, laquelle peut prendre une forme aiguë assez dangereuse lorsqu'elle atteint les décolletés, et les alcalins, je veux parler bien sûr de l'aegyrine. Les pyroxènes sont des minéraux essentiels des roches magmatiques et métamorphiques. Quant aux feldspaths, les minéraux les plus fréquents des roches terrestres, on en connaît deux types, les alcalins (orthose) et les plagioclases (feldspaths calcosodiques), qui forment une série continue variant de l'albite (un seul a) à l'anorthite.

Oh, il y a bien sûr de petites variations. Par exemple, les nakhlites sont principalement formées de pyroxène monoclinique (augite), tandis que l'unique Chassignite est considérée comme une dunite, variété de péridot où pullule l'olivine.

Ah, j'oubliais : il n'y a pas que de bonnes nouvelles. NWA 1068 et sa compagne 1110 ne sont pas des picrites, mais de banales shergottites basaltiques, la classe la plus affreusement répandue de météorites martiennes. Quant à ALH 84001, c'est une orthopyroxénite, créature cristalline principalement faite de pyroxènes ayant pris corps dans le système orthorhombique. Elle contient un peu de maskelynite, d'olivine, de chromite, de pyrite et d'apatite, qui la met sur les genoux. Après cela, les savants et les lecteurs en sont réduits à l'aspirine.

Et c'est ainsi que Mars est rouge (et les petits hommes verts).

117

Zagami

Dans l'après-midi du 3 octobre 1962, alors qu'il travaille dans son champ de maïs, un paysan nigérien entend une violente explosion, puis subit de plein fouet une onde de choc qui le cloue au sol. Trois secondes plus tard, dans un fracas d'apocalypse, un bolide s'écrase à dix mètres de lui. Craignant qu'il ne s'agisse d'un fragment d'obus, notre héros hésite d'abord à s'approcher du lieu de l'impact. Quand il se risque enfin à jeter un coup d'œil, il découvre dans son champ un cratère de soixante centimètres de profondeur, au fond duquel repose une pierre noire. La météorite est baptisée Zagami. On dirait un dieu mais c'est un lieu, celui où elle a échoué, tout simplement.

La pierre pesait initialement 18 kg. C'est la météorite martienne la plus massive jamais trouvée sur Terre. En 1988, le collectionneur de météorites américain Robert Haag échange une collection complète de pierres cosmiques contre un fragment conséquent de Zagami : 2,8 kg. C'est une bonne affaire. Grâce à cette acquisition, Zagami sera longtemps la pierre martienne la plus facile à se procurer sur le marché privé des météorites. Mille dollars le gramme. Haag est un homme riche.

Après EET A 79001, Zagami est la deuxième météorite martienne au sein de laquelle on a découvert de microscopiques poches d'atmosphère martienne. C'est une roche bien jeune, puisque son âge flirte avec les 180 millions d'années. Et, d'après les dégâts causés par les rayons cosmiques, elle n'a erré que 2,5 millions d'années dans l'espace interplanétaire.

118

Zagami, le retour

Le 7 novembre 1996, soit trente-quatre ans après son arrivée sur Terre, un petit fragment de Zagami est reparti vers Mars, attaché au spectromètre de la sonde Mars Global Surveyor. Par ce geste symbolique, Zagami est devenue la première météorite renvoyée par la main de l'homme sur son monde d'origine.

119

Inventaire martien

Au jour où j'écris ces lignes, le 12 mai 2002, on dispose de vingt-six météorites présumées martiennes : « la Chassigny » française, qui reste unique, six Nakhlites, dix-huit Shergottites (dont Zagami et EET A 79001), plus la météorite ALH 84001, dont je vais bientôt parler, qui est unique elle aussi. Collectés au Brésil, en Antarctique, aux États-Unis et en Afrique, ces cailloux d'apparence banale ne se distinguent en rien, à la vue, des dizaines de milliers d'autres météorites. Parmi ces échantillons, quatre proviennent de chutes (Chassigny, Shergotty, Nahkla et Zagami), tous les autres sont des trouvailles, dont neuf proviennent de l'Antarctique.

120

Longtemps, l'endroit le plus propice pour dénicher des météorites martiennes était le plus inaccessible. Les étendues blanches et bleues de l'Antarctique ont fourni aux scientifiques une bonne partie des premières météorites martiennes connues. Malgré ce beau palmarès, l'Antarctique s'est fait récemment voler la vedette par les déserts chauds. Depuis 1998, une flopée de météorites martiennes ont été découvertes dans le Sahara, dans le désert de Mojave en Californie, et dans le sultanat d'Oman, un petit État de la péninsule arabique dont le tiers de la surface est désertique.

Contrairement à l'Antarctique, inabordable si l'on n'appartient pas à une expédition scientifique, et où la collecte est sévèrement réglementée, les déserts chauds de la planète sont grands ouverts aux chasseurs de météorites. Les précieuses pierres peuvent donc tomber aux mains des privés. Une aubaine pour les collectionneurs, qui n'hésitent pas à dépenser des fortunes afin d'acquérir quelques grammes de ces cailloux extraterrestres ; une calamité pour les musées et les scientifiques, qui voient de précieux spécimens leur échapper – à moins d'une négociation au prix fort…

121

Lucky 13

En 1998, une paire de météorites martiennes chacune de la taille d'une noix de coco est découverte dans le désert du Sahara libyen. Les jumelles proviennent vraisemblablement de la même chute : la météorite initiale a dû se fragmenter juste avant d'arriver au sol. La première porte le nom officiel de Dar al Gani 476, mais son découvreur, un simple particulier qui s'estime particulièrement chanceux, a préféré la surnommer affectueusement Lucky 13. De simple particulier, il s'est d'ailleurs mué en riche particulier.

122

Deux archanges

En 1979, au cours d'une randonnée dans le désert de Mojave en Californie, Bob Verish ramasse deux pierres d'aspect basaltique. Une partie de leur surface est d'un beau noir de jais, brillant, et notre géologue amateur juge les deux cailloux suffisamment intéressants pour les ajouter à sa collection minéralogique. Il range les deux pierres avec beaucoup d'autres dans des caisses, qu'il entrepose au fond de son arrière-cour.

Vingt ans plus tard, Bob Verish décide de faire un peu de ménage parmi les pierres de sa collection. Entre-temps, il s'est intéressé de près aux météorites, et il est devenu un connaisseur. Lorsqu'il remet la main sur ses anciennes trouvailles, l'aspect inhabituel des pierres lui saute aux yeux. La surface noire et brillante ressemble à s'y méprendre à une croûte de fusion. Les deux roches sont probablement des météorites. Pour en être certain, Verish découpe deux lames minces de trente grammes dans les cailloux suspects et les apporte séance tenante à l'université de Californie, pour les faire analyser. Les premiers résultats confirment non seulement la nature météoritique des deux roches, mais également une étrange ressemblance avec une météorite martienne tombée en 1994 en Antarctique, QUE 94201. Le cas mérite d'être approfondi. Les analyses ultérieures confirment l'extraordinaire diagnostic : les cailloux qui dormaient depuis vingt ans dans l'arrière-cour proviennent bien de la Planète Rouge.

Surnommées Miguel et Gabriel, les deux météorites reçoivent le nom plus officiel de Los Angeles de la part du comité de nomenclature de la Meteoritical Society, qui référence toutes les météorites connues.

Grâce à ses deux anges gardiens, Bob Verish est maintenant à l'abri. Les météorites martiennes valent cent fois plus que leur poids en or (mille dollars le gramme, contre dix pour l'or).

123

Sahara, novembre 2000. Au moment où Théodore Monod, surnommé avec respect le « fou du désert », disparaît à l'âge de 98 ans, deux chasseurs de météorites, Bruno Fectay et Carine Bidaut, sont à l'œuvre dans le désert qu'il a tant sillonné. Voilà Youssef, un de leurs collaborateurs locaux, qui leur apporte un trophée plutôt atypique. Avec de la pratique et des années d'expérience, ils ont appris à identifier la plupart des météorites – bien qu'une analyse reste nécessaire pour confirmer les premières impressions. Lorsque le prospecteur leur montre le petit caillou, le verdict est instantané : elle ressemble à une shergottite martienne. Surprise, enthousiasme et cris de joie. Surexcités, ils téléphonent à Jean-Alix Barrat, un minéralogiste de l'université d'Angers. Ce dernier accepte de faire les analyses. Les premiers résultats sont concluants : la météorite de 28 g semble effectivement venue tout droit de la Planète Rouge.

Cataloguée officiellement sous le nom de NWA 480, la pierre martienne, échouée depuis des lustres dans le Sahara, est une roche volcanique proche du basalte, une shergottite.

C'est la première fois qu'une équipe française authentifie une nouvelle météorite martienne. Jusqu'alors, les chercheurs français étaient réduits à la portion congrue par rapport à leurs homologues américains. Ceux-ci disposaient en effet de nombreuses pièces provenant d'Antarctique, en plus des morceaux classiques : Shergotty, Zagami et Nakhla, tandis que la France ne disposait que de la petite Chassigny.

124

Dix pour cent

Les chasseurs de météorites sont rarement des philanthropes. Ils ont développé un commerce florissant que les puristes réprouvent, mais grâce auquel les scientifiques récupèrent tout de même quelques miettes du gâteau. 20 g de la météorite, ou 20 % de sa masse si celle-ci est inférieure à 100 g, leur sont généralement cédés en échange d'une authentification de la trouvaille. Comble de l'ironie, c'est grâce à cette expertise que le prix de la pierre s'envole et devient inabordable à la recherche publique.

Pour NWA 480, Carine Bidaut et Bruno Fectay ont cédé gratuitement dix pour cent de leur trésor aux chercheurs. C'est-à-dire 2,5 g. Une larme.

125

Quel dommage de se contenter d'une larme gratuite ! Les chercheurs français se désolent de ne pouvoir poursuivre leurs travaux. L'échantillon est trop chiche pour effectuer la datation de la roche, déterminer sa durée d'exposition aux rayons cosmiques et y chercher des molécules organiques. Vraiment, c'est trop bête. Et puis non, pas question de laisser ce trésor s'évanouir dans la nature ! D'autant plus qu'un enjeu d'importance se joue à cet instant. La France vient de signer un accord avec la NASA pour participer à la mission spatiale Mars Sample Return qui prévoit un retour d'échantillons martiens. Mais rien dans le contrat n'oblige les Américains à céder à leurs partenaires un bout du magot. Les équipes du monde entier feront une demande rédigée et argumentée, et un jury de scientifiques choisira les heureux bénéficiaires. Connaissant les pratiques américaines en matière de recherche scientifique, les chercheurs français peuvent craindre de se faire rouler dans la farine. D'autant qu'en France, aucune analyse complète de pierre martienne n'a jamais été faite. Il faut se dépêcher pour prouver son expertise dans le domaine, car les échantillons sont attendus pour 2008. C'est dans ce contexte hautement stratégique que Philippe Gillet, directeur de l'INSU (Institut national des Sciences de l'Univers), recommande l'acquisition de NWA 480. L'affaire est conclue. Achetés 400 000 francs (aujourd'hui 61 000 euros) pour le compte du CNRS avec les fonds du

CNES, les 25 g restants de la météorite sont remis en avril 2001 en grande pompe à un consortium de laboratoires français.

À cette occasion, NWA 480 est rebaptisée météorite Théodore Monod. Le fou du désert méritait bien cet hommage.

126

Les grandes pompes d'aujourd'hui ne sont plus celles du temps d'Héliogabale, où il fallait une robe de soie et les joues peintes en rouge et blanc. Mais il y a tout de même quelque chose d'étrangement similaire dans le respect qui entoure, de nos jours comme jadis, tout ce qui tombe du ciel.

127

Contrebande

En principe, les météorites portent le nom du lieu précis de leur découverte. Or certaines météorites vendues au sud du Maroc proviennent d'autres pays du Sahara comme l'Algérie, où l'exportation est interdite. Elles passent illégalement au Maroc, où il est facile d'obtenir des papiers déclarant simplement qu'elles ont été trouvées sur place. De plus, souvent les chasseurs ne ramassent pas eux-mêmes les pierres, ils ne font que les acheter aux nomades locaux, qui les ont passées en contrebande. Ces derniers leur ont donné de faux noms, celui d'un site marocain poétique par exemple. Des rapports faisant état de ramassages sur l'Algérie et la Mauritanie rendent très peu plausible l'existence d'un Eldorado marocain. Comme l'origine exacte des cailloux est inconnue, le comité de nomenclature de la Meteoritical Society, qui recense les nouveaux objets, donne à ces pierres l'immatriculation NWA (pour North West Africa) suivie d'un numéro.

128

Un mois après la trouvaille de NWA 480, soit en décembre 2000, l'équipe de prospecteurs berbères du tandem Bidaut-Fectay récidive avec une trouvaille plus jolie encore. NWA 817, pierre de 104 g à belle croûte noire, aurait été ramassée au milieu d'un ancien enclos de nomades, ce qui laisse penser qu'elle avait déjà été déplacée par la main de l'homme.

L'analyse des isotopes de l'oxygène montre que NWA 817 est d'origine martienne. Sa composition chimique lui vaut d'être classée parmi les Nakhlites. Son exposition aux rayons cosmiques indique que NWA 817 a quitté Mars il y a environ 10 millions d'années, avant d'atterrir au Sahara, il y a quelques centaines ou milliers d'années, ce qui concorde avec les autres Nakhlites. Mais NWA 817 est plus intéressante que NWA 480, car elle présente des traces d'eau primitive pouvant provenir de l'intérieur de la planète.

D'ordinaire, les Nakhlites (c'est-à-dire les trois autres disponibles à l'époque) présentent des altérations provoquées par de l'eau de surface. Comment le sait-on ? Parce que les rapports isotopiques entre l'hydrogène et le deutérium présents à la surface de Mars sont très caractéristiques. À cause de sa faible masse, la Planète Rouge n'est pas capable de retenir efficacement les atomes d'hydrogène, très légers. Le deutérium, plus lourd, y est donc surabondant. Mais il en va autrement dans les profondeurs de la planète, où l'hydrogène ne peut s'évaporer. L'analyse de NWA 817 montre justement un rapport isotopique proche de celui observé sur Terre, ce qui prouve que l'eau avec laquelle cette roche a été en contact ne peut pas avoir été de l'eau de la surface martienne.

Évidemment, il pourrait s'agir d'eau de contamination terrestre. Mais cela, ce n'est pas l'analyse isotopique qui peut le révéler, puisqu'elle montre justement l'analogie de l'eau qui a laissé sa trace sur la météorite avec l'eau de la Terre.

En quoi serait-il tellement intéressant d'avoir la preuve d'une eau en profondeur de Mars ? Parce que cela prouverait presque à coup sûr qu'elle s'y trouve encore. L'information qu'apportent les autres Nakhlites, à savoir qu'il y a eu de l'eau en surface il y a quelques millions d'années, n'est pas tellement intéressante, dans la mesure où nous savons que cette eau a disparu depuis. En revanche, savoir qu'il y avait de l'eau en profondeur voici dix millions d'années est un argument très fort pour penser qu'il y en a toujours.

129

La météorite qui change tout

Le 27 décembre 1984, l'expédition ANSMET trouve en Antarctique une météorite pesant environ deux kilogrammes et ressemblant vaguement à une brique. La pierre est baptisée ALH 84001 (région d'Allan Hills, 1984, première trouvaille de la saison). La pierre part vers le laboratoire du Johnson Space Center, à Houston. Comme elle ne ressemble nullement aux autres météorites martiennes, les « SNC », personne ne songe à faire le lien avec la Planète Rouge. Après une rapide analyse, elle est classée comme une météorite classique, une diogénite provenant de la ceinture d'astéroïdes, plus particulièrement du gros Vesta. Ce n'est qu'en octobre 1993 que l'erreur est corrigée et que la roche est cataloguée d'origine martienne.

Douze ans plus tard, très précisément le 6 août 1996, dans la torpeur estivale, le directeur de la NASA fait une annonce fracassante : une forme primitive de vie microscopique aurait existé sur Mars voici plus de 3 milliards d'années, et des traces fossiles auraient été trouvées dans la météorite d'origine martienne ALH 84001. Contrairement à tous les usages académiques, le patron de la NASA devance d'une dizaine de jours la publication technique dans l'hebdomadaire *Science* d'un article détaillé sur la météorite. Selon cette étude, de minuscules structures ressemblant à certaines formes de bactéries filamenteuses fossiles ornent des fractures de la roche extraterrestre. Le président Clinton s'empare de l'affaire et clame que les conséquences de cette découverte sont « infinies » *(sic)*. Une nouvelle conquête toute trouvée pour celui qui se présente comme l'héritier de John Kennedy, initiateur du programme lunaire Apollo ! Le scoop tombe d'autant mieux pour la NASA que, à Washington, le Sénat américain doit reconduire ses crédits. Et, comme par hasard, les lancements de trois sondes en direction de la Planète Rouge sont prévus à la fin 1997…

130

Avec ses 4,5 milliards d'années, ALH 84001 est une roche bien plus ancienne que les autres météorites martiennes, les SNC, dont l'âge de formation tourne autour de 1,3 milliard d'années. La roche d'ALH 84001 provient vraisemblablement de la croûte primitive de Mars au sein de laquelle elle s'est solidifiée – tandis que les SNC ont été formées beaucoup plus tard par l'activité géologique de la planète. L'impact qui l'a éjectée dans l'espace remonte à seulement 15 millions d'années. Après un long périple interplanétaire, la météorite s'est finalement écrasée en Antarctique voici 13 000 ans.

131

L'équipe de David McKay, du Centre Goddard de la NASA, affirme avoir trouvé sur ALH 84001 des traces de micro-organismes accrochées à des nodules (petits disques) de carbonates. L'âge de ces carbonates est estimé à 3,6 milliards d'années. Nombre de spécialistes de la Planète Rouge considèrent qu'à cette époque, Mars était plus chaude et humide, avec une atmosphère bien plus dense qu'aujourd'hui. De l'eau, saturée en gaz carbonique par l'atmosphère martienne (le dioxyde de carbone étant son principal constituant), a pu pénétrer dans le sous-sol à la faveur de nombreuses fractures et déposer les carbonates dans les interstices des roches. Il n'est d'ailleurs pas exclu que ces dépôts de carbonates soient d'origine organique eux-mêmes. Sur Terre en tout cas, les carbonates sont souvent associés à la vie. Ils constituent notamment la coquille des animaux marins. McKay pense que les bactéries dont il repère des traces, sous forme de composés organiques qui seraient des produits de leur dégradation, sont aussi les responsables de la formation des carbonates. Il veut donc persuader la communauté des chercheurs que des bactéries originaires de la Planète Rouge ont été identifiées et qu'elles témoignent d'une époque où l'élément liquide était présent à la surface de Mars.

Le problème, c'est qu'il dit aussi observer les fossiles eux-mêmes de ces bactéries supposées, sous la forme de structures allongées, vermiformes, mesurant entre 20 et 100 milliardièmes de mètre de longueur. Elles sont si petites que mille d'entre elles mises côte à côte tiendraient dans l'épaisseur d'un cheveu ! En physique, un milliardième se traduit par le préfixe « nano- », de la même façon que « milli- » signifie un millième et « micro- » un millionième. Ces structures, qui ressemblent à des bactéries terrestres mais en cent fois plus petit, sont donc baptisées « nanofossiles ». À cette échelle minuscule, il est impossible de les décortiquer plus finement pour être certain qu'il s'agit bien d'organismes. Malgré tout, la probabilité d'une vie martienne fait la une des journaux.

132

Ces analyses sont loin de faire l'unanimité. Très vite, des voix s'élèvent dans la communauté scientifique. Deux mois avant la publication de McKay, la revue *Nature* avait publié une analyse de la météorite faite par un autre groupe, et tirant des conclusions diamétralement opposées. Cet article n'avait reçu aucun écho. Mais après l'annonce fracassante, les articles se multiplient dans les revues spécialisées pour pointer les faiblesses de la thèse de McKay.

Les nodules de carbonates trouvés dans ALH 84001, tout comme ceux présents dans d'autres météorites, peuvent fort bien provenir de réactions chimiques abiotiques (sans vie), par exemple une réaction à haute température (600 °C) entre les silicates de la roche et le gaz carbonique. N'importe quel impact d'astéroïde un peu sérieux tombant sur Mars peut provoquer ce genre de température.

Les petits tubes soi-disant nanofossiles ne sont pas nécessairement d'origine biologique. Il peut s'agir de cristaux microscopiques ressemblant fortement, par un curieux hasard, à des micro-organismes. Ou encore, ces structures peuvent provenir du traitement que les échantillons subissent pour être observés au microscope électronique. Ils sont en effet recouverts d'une fine pellicule de métal, de l'or ou un mélange d'or et de palladium, et la simple métallisation de la roche par contact produit des structures similaires, comme l'ont observé d'autres chercheurs. McKay réplique en signalant que les structures métalliques mentionnées par ses détracteurs ne correspondent pas à ses nanofossiles. Elles sont trop nombreuses, trop bien ordonnées, trop rapprochées et trop petites. Les nanofossiles martiens sont au contraire isolés, incurvés et se recoupent selon des angles qui varient.

Admettons donc qu'il s'agisse de bactéries. Mais sont-elles martiennes ? ALH 84001 a séjourné plus de 13 000 ans dans les glaces de l'Antarctique. Même dans ce milieu hostile, des micro-organismes terrestres ont pu la contaminer. Un tel raisonnement est avancé par de nombreux spécialistes à travers le monde. Là encore, l'équipe de McKay s'obstine ; elle répond que les bactéries martiennes ressemblent, certes, en tout point à leurs homologues terrestres, sauf qu'elles sont cent fois plus petites, ce qui suffit à prouver qu'elles ne sont pas terrestres. Des biologistes s'emparent aussitôt de l'argument pour rétorquer qu'il ne s'agit pas de bactéries, car la vie, qu'elle soit terrestre ou martienne, ne peut apparaître au sein d'organismes aussi infimes.

Tous, en réalité, se trompent.

Un coup de théâtre vient bouleverser le paysage de la controverse en 1999. Et la nouvelle donne provient d'une météorite tombée en Tunisie en… 1931 !

133

Oh Tataouine ! (Pièce en 4 actes)

Acte Ier. 27 juin 1931. Caserne de Tataouine, presqu'île de Djerba, Tunisie. Minuit pile.

Scène 1re : dans la caserne.

SOLDAT DE GARDE. – Eh les gars ! Debout ! Venez vite !

UN SOLDAT, *à demi endormi*. – Qu'est-ce qui se passe ? Une attaque ?

SOLDAT DE GARDE. – J'ai vu tomber une boule de feu !

UN AUTRE SOLDAT, *goguenard*. – Ma parole, c'est toi qui perds la boule !

SOLDAT DE GARDE. – Je ne rigole pas. Elle a dû tomber tout près, j'ai entendu le bruit du choc. Venez, bon sang !

Effervescence dans le dortoir.

Scène 2 : dans le désert.

Une dizaine de militaires sont attroupés.

SOLDAT DE GARDE. – Je vous l'avais bien dit !

UN SOLDAT. – Sacrebleu, il a raison. Visez-moi ce cratère !

UN AUTRE SOLDAT. – Et les cailloux noirs fument encore.

UN AUTRE SOLDAT. – Moi je les trouve plutôt verts.

SOLDAT DE GARDE. – Qui sait ce qu'il faut faire dans un cas pareil ?

UN SOLDAT, *rigolard*. – Je crois pas que c'est prévu au règlement, ce genre d'attaque aérienne.

L'OFFICIER. – Attention, ne touchez à rien. Je vais prévenir les autorités.

Il sort un téléphone de campagne.

– Monsieur le gouverneur ? Pardon de vous déranger à cette heure, mais nous avons ici une pluie de pierres qui est tombée du ciel. Oui, elles tapissent le sol, qu'est-ce qu'on fait ? Les envoyer à Paris ? Au Muséum ? Mais combien ? Il y en a des centaines… Très bien. Ce sera fait. Mes respects, monsieur le gouverneur.

Se tournant vers les soldats, l'air important :

– Allez, vous autres. Ramassez-moi ces cailloux. Il m'en faut vingt-cinq livres.

UN SOLDAT. – Bah, quand t'en as vu un, tu les as tous vus.

Scène 3 : Paris, Muséum d'histoire naturelle.

Le professeur Lacroix, directeur, ouvre une caisse.

– Mmm. Regardez-moi ça, mademoiselle Christine. Ça nous vient tout droit de Tunisie.

L'assistante du directeur s'approche :

– Oh les jolis cailloux verts ! Dommage qu'à certains endroits ils soient tout noirs !

LE PROFESSEUR LACROIX. – Je vous ai déjà expliqué que les aérolithes fondent en surface quand ils traversent les airs, et ils durcissent.

L'ASSISTANTE. – Monsieur le Professeur, allez-vous vous rendre sur place, comme la dernière fois ?

LE PROFESSEUR, *examinant brièvement les pierres à la loupe*. – Non, c'est inutile de traverser la Méditerranée pour ça. Voyez, c'est un cas d'école. Une diogénite.

L'ASSISTANTE. – Une quoi ?

LE PROFESSEUR. – Une pierre qui vient de Vesta.

L'ASSISTANTE. – Mais je croyais qu'elle venait de Tunisie !

LE PROFESSEUR, *un peu agacé.* – Bon, oubliez tout ça, Christine. Donnez-moi plutôt mon livre de comptes rendus. Je vais consigner la description de ces cailloux et le lieu de leur chute. Et vous le classerez dans les archives.

L'ASSISTANTE. – Bien, monsieur le Professeur. Et les échantillons, qu'est-ce qu'on en fait ?

LE PROFESSEUR. – Comme d'habitude. Vous les mettrez dans des sacs stérilisés. On ne sait jamais, des collègues tatillons pourraient vouloir les analyser un jour. Pour moi, l'affaire est classée.

L'ASSISTANTE. – Oui, mais qu'est-ce que je marque sur les étiquettes ?

LE PROFESSEUR, *les yeux au ciel.* – Inscrivez « météorite de Tataouine ».

Acte II. Fin des années 1980, Paris.

Alain Carion est commerçant minéralogiste, « marchand de cailloux », comme il dit lui-même. Il s'active dans sa boutique de la rue Saint-Louis-en-l'Île mais accepte de s'interrompre pour répondre à quelques questions.

– *Alain Carion, racontez-nous en quoi consiste votre métier.*

– La plupart du temps, je voyage pour dénicher les trésors naturels que je ramène ici et que je propose à ma clientèle.

– *Quel genre de trésors ?*

– Des gemmes, des minéraux rares, des fossiles et des météorites.

– *Vous êtes toujours en route, alors ?*

– Quand je ne suis pas en route, j'étudie. Je fréquente beaucoup le Muséum, sa célèbre galerie de minéralogie, et plus encore sa bibliothèque. C'est une véritable mine d'or pour les informations de premier choix sur les météorites.

– *En quoi vous intéressent-elles ?*

– C'est un argument de vente. Les acheteurs adorent connaître l'histoire de la pièce dont ils s'apprêtent à acquérir un morceau. Et puis, c'est aussi un moyen de retrouver la trace de météorites oubliées.

– *Que voulez-vous dire ?*

– En étudiant minutieusement la description de certaines chutes, il est encore possible d'aller sur place et de retrouver les restes de météorites qui n'ont été que partiellement ramassées.

– *Vous est-il arrivé de faire de belles trouvailles de cette façon ?*

– Au moins une magnifique ! C'était à partir d'un rapport rédigé en 1931, par un certain professeur Lacroix. Il faisait état d'une chute survenue dans le désert tunisien, dont 12 kg seulement avaient été récoltés, alors que les pierres se comptaient par centaines. J'ai aussitôt décidé de la retrouver.

– *Comment vous y êtes vous pris ?*

– J'ai copié le rapport avec la carte localisant l'endroit de la chute. J'ai emprunté au Muséum un tout petit morceau de la météorite à des fins de comparaison (je suis en très bons termes avec eux), et je suis parti pour Tataouine.

– *Sur place, vous avez trouvé tout de suite ?*

– Loin de là. J'ai d'abord essayé de trouver des gens qui se souviendraient de la chute, j'ai fait le tour des cafés de la ville. Mais je n'ai pu identifier aucun témoin, il faut dire que les faits remontaient à plus de cinquante ans. Je me suis alors rendu à la gendarmerie, mais personne n'avait entendu parler de cette météorite et je crois qu'on m'a pris pour un illuminé. Il ne restait plus qu'une chose à faire : prospecter.

– *Vous aviez quand même des indications précises ?*

– Pas si précises. « En bordure du village », disait le rapport. Il m'a fallu plusieurs heures, mais finalement je suis tombé sur un petit grain vert. Et puis d'autres. Au bout de la journée, j'en avais récolté 150 g.

– *C'était tout ce qu'il y avait ?*

– Non, mais la recherche prend un temps fou, car une chute peut se répartir sur un très grand périmètre. Le lendemain, je suis revenu avec des piquets rouges pour baliser mon travail. J'ai fini par délimiter un très grand cercle qui contenait des myriades de grains, parfois minuscules. J'en ai recueilli plusieurs kilos répartis en 4 000 morceaux !

– *Quelle récolte !*

– Et ce n'était pas fini. Mais je devais absolument rentrer à Paris. Alors j'ai envoyé mon fils Louis continuer le travail.

– *Qu'avez-vous fait de tout ce matériau ?*

– D'abord, j'en ai offert 600 g au Muséum pour le remercier de me donner accès à ses secrets. Ensuite, j'ai proposé le reste à mes clients. En général, ils aiment bien le nom de cette météorite. Tataouine, ça sonne un peu comme Tatooine, la planète aux deux soleils, dans *Star Wars*.

– *Mais est-ce une météorite particulière ?*

– Non, elle n'a rien de spécial. C'est une roche qui vient de Vesta, un gros astéroïde.

Acte III. Septembre 1996. Quelque part entre Angers et Vesta.

Annonce fracassante de la NASA. Une météorite d'origine martienne renfermerait des fossiles de micro-organismes. La probabilité d'une vie martienne fait la une des journaux.

Jean-Alix Barrat est chercheur en minéralogie au Laboratoire des Sciences de la Terre d'Angers. Comme tout le monde, il apprend la nouvelle. Barrat, qui connaît bien ce type de roches, doute des résultats de la NASA. La météorite ALH 84001 a séjourné plus de 13 000 ans dans les glaces de l'Antarctique, et même s'il s'agit d'un milieu très hostile, il n'est pas impossible que des micro-organismes terrestres l'aient contaminée. Le même raisonnement est d'ailleurs avancé par de nombreux spécialistes à travers le monde. Mais l'équipe américaine s'obstine ; elle clame que les bactéries martiennes sont beaucoup trop petites. Quelques nanomètres d'épaisseur : on ne connaît pas de pareils vermisseaux sur Terre ! L'argument est à double tranchant. Certains biologistes sont persuadés que de si petites structures ne pourraient tout simplement pas contenir le matériel indispensable au vivant.

Barrat fréquente régulièrement la boutique d'Alain Carion. Il lui a acheté deux ans plus tôt un fragment de la météorite de Tataouine. L'idée lui vient de regarder de plus près son trésor – qui est une diogénite, tout comme la fameuse ALH 84001. Les diogénites n'ont rien à voir avec l'ermite philosophe ; mais ce sont des achondrites censées provenir du même tonneau, en l'occurrence le gros astéroïde Vesta. Barrat fait une première analyse sommaire de ses constituants. Il compare ses résultats avec ceux obtenus en 1994 sur l'échantillon du Muséum. Les résultats ne concordent pas : Barrat détecte dans son fragment des carbonates qui ne se trouvent pas dans l'échantillon ancien, et ces carbonates sont en tous points semblables aux fameux nodules d'ALH 84001. Or, Tataouine ne provient pas de Mars, mais de l'astéroïde Vesta. L'idée que Vesta ait connu la vie est hautement invraisemblable. La seule explication, c'est que les carbonates de Tataouine résultent d'une contamination terrestre de l'échantillon qu'il a acheté à Paris. Sur le morceau ramassé immédiatement après la chute, et conservé dans un environnement stérile, les nodules n'ont pas eu le temps d'apparaître. Mais après cinquante ans passés dans le désert, et bien que les conditions climatiques rendent toute vie difficile, les nodules de carbonates ont envahi la roche ! ALH 84001, elle, a séjourné 13 000 ans en Antarctique. Quelle hérésie de croire qu'elle n'ait jamais été contaminée !

Pour affiner les analyses de la pierre de Tataouine, Jean-

Alix Barrat se joint à des chercheurs du laboratoire de géologie de l'École normale supérieure de Lyon, dirigé par Philippe Gillet. D'autres chercheurs démontrent que le sable lui-même, à proximité de Djerba, présente les mêmes carbonates. Reprenant la météorite, les chercheurs français examinent les nodules au microscope électronique à fort grossissement, pour voir si par hasard d'éventuelles bactéries ne logeraient pas sur les carbonates de Tataouine, comme dans ALH 84001. Stupéfaction ! Des bâtonnets de quelques dizaines de nanomètres sont bien présents sur ces carbonates.

Deux articles sont aussitôt publiés, qui montrent que la mystérieuse météorite ALH 84001 n'apporte rien qu'une preuve de contamination terrestre. Le scoop est bel et bien enterré. Mais, pour autant, la vraie nature, minérale ou biologique, de ces structures n'est pas encore élucidée. S'il s'agit de bactéries, elles sont les plus petits organismes vivants jamais observés. Les planétologues et minéralogistes ont besoin d'un biologiste pour les éclairer.

Acte IV. Printemps 1999, Cadarache.

Thierry Heulin, chercheur au CEA de Cadarache (Bouches-du-Rhône), examine les photos de curieuses structures que lui ont apportées Barrat et ses collègues. Ceux-ci ont pris soin de lui cacher l'échelle. La majorité des autres biologistes ont diagnostiqué des bactéries mais, une fois la taille de l'objet révélé, ils sont revenus sur leur avis : trop petit mon ami. Heulin, lui, est spécialiste de l'écologie microbienne. Il sait que par temps de disette et dans des conditions rudes, certains micro-organismes réduisent leur taille pour s'adapter au stress ambiant et économiser leurs réserves. Or, quoi de plus stressant qu'une météorite exposée au cagnard du désert ?

Heulin prélève une poignée de sable de Tataouine et y répertorie des bâtonnets de 200 nanomètres. Ce sont les plus petites bactéries vivant sur Terre dans des conditions normales, une nouvelle espèce que l'on baptise *Ramlibacter tataounensis*. Ce sont peut-être des spécimens de cette dernière qui, dans des conditions de stress, diminuent leur taille jusqu'à 60 nanomètres ? Pour vérifier son hypothèse, Heulin inflige de mauvais traitements à ses bâtonnets pour voir s'ils rapetissent. L'expérience est concluante et Thierry Heulin peut rentrer chez lui en s'exclamant : « Chérie, j'ai rétréci les bactéries ! »

Finalement, 65 ans après son arrivée sur Terre, la pierre de Tataouine se taille un succès sans précédent : elle fournit une preuve de plus en faveur de la contamination de ALH 84001, elle permet la découverte du plus petit organisme vivant sur Terre, et elle révèle une astuce utilisée par cet organisme pour s'adapter aux conditions extrêmes : devenir plus petit encore.

134

Les bactéries des sables, vingt-cinq fois plus petites que tout autre organisme vivant sur terre, se trouvaient là depuis bien longtemps. Simplement, personne n'avait jamais songé à y regarder de très près. À nouveau, c'est l'insolite provenant de l'espace qui nous met le nez sur l'insolite qui nous entoure, l'inconnu sur la Terre. Et la science nous replonge sans cesse dans cet étrange paradoxe : plus nous regardons loin, plus nous regardons près.

135

Malgré tout, six ans après le début de l'affaire ALH 84001, la controverse quant à l'existence réelle de nanofossiles martiens court toujours. Les pro- et les anti- campent sur leurs positions. La manœuvre de la NASA pour décrocher des crédits était peut-être grossière, mais l'agence américaine est parvenue à ses fins : elle a obtenu du Congrès un programme de dix missions martiennes à 200 millions de dollars l'unité. Le métier fonctionne de plus en plus ainsi, à grand renfort de communiqués de presse tapageurs. Les médias relaient les annonces, et les rectificatifs ultérieurs passent inaperçus.

136

Rendons à César…

Tout ce que vous voulez savoir sur les météorites martiennes se trouve sur *http://www.nirgal.net*. Cet extraordinaire site Internet en français sur la planète Mars, contenant 800 pages de texte et 500 images constamment réactualisées, a pour webmestre Philippe Labrot, un ingénieur en informatique. Une mine d'informations constamment utilisée par des étudiants, des enseignants et des professionnels du milieu spatial.

137

Jusqu'où s'arrêteront-elles ?

Les enseignements apportés par les bactéries de Tataouine ne font que corroborer une tendance générale dans les sciences du vivant : on découvre des petites bêtes absolument partout.

En 1979, lorsque le sous-marin « Alvin 3 » a exploré la dorsale du Pacifique oriental, à 2 600 m de profondeur, il a découvert l'existence d'une multitude de micro-organismes, ainsi que des vers géants, des crustacés et des poissons. Tout ce beau monde s'ébat à une profondeur où la pression hydrostatique est 250 fois supérieure à celle de la surface et où la température de l'eau peut monter à 350 °C.

En novembre 1999, aux États-Unis, au cœur d'une centrale nucléaire, on a découvert une bactérie rose, la *Deino-*

coccus radiodurans, capable de survivre dans un environnement radioactif émettant 3 000 fois la dose mortelle pour un être humain.

En juillet 2000, le microbiologiste américain Edward J. Carpenter a révélé qu'il avait découvert dans les glaces du pôle Sud des bactéries qui, loin d'hiberner, croissent et se multiplient à des températures de – 17 °C. Cette bactérie, d'une espèce inconnue, est proche de la famille des *Deinococcus*. C'est dans cette famille que l'on trouve les bactéries les plus résistantes, grâce notamment à leur capacité à réparer leur ARN de manière très efficace.

En août 2000, Birgitt Sattler, biologiste à l'université d'Innsbruck, a découvert que des bactéries, encore inconnues, vivent et se multiplient dans les nuages.

138

Méditation philosophique

Je me souviens du jour où je m'essayai pour la première fois à la plongée sous-marine (et dernière, pour cause de faiblesse du tympan).

Dans cette discipline, le novice est confronté d'emblée à de lourdes contraintes vestimentaires. Après s'être harnaché de pied en cap (combinaison de plongée, gilet, bouteille, ceinture de plomb et j'en passe), il est prié de se débrouiller pour atteindre le rivage. Pour mon baptême de l'eau, la plage à traverser était un véritable champ de galets.

Avez-vous déjà marché pieds nus sur des galets rugueux avec 30 kg d'équipement sur le dos ? C'est une expérience qui vaut son pesant d'horreur. On gagne toujours à toucher du doigt les limites de l'adaptabilité humaine. Que ce soit en poids, en pression, en décibels ou en température, la bande habitable est désespérément étroite et seul le confinement dans nos logis sécurisants nous permet de ne pas en être informés. Alors qu'il suffit d'une bouteille d'air comprimé et de quelques cailloux pour paralyser tout honnête homme privé de chaussures.

La situation me fit penser à nos recherches sur la vie dans l'Univers. Connaissant les intervalles à l'intérieur desquels la vie évoluée est possible sur Terre, intervalles de températures, de salinité, de pression… on conclut que ces conditions sont favorables à la vie et on recherche les mêmes ailleurs dans l'univers. Est-ce bien sage ? Si l'on regarde l'évolution de la vie sur Terre, la complexité croissante des organismes va de pair avec une réduction des intervalles tolérés. L'homme nu ne peut survivre que dans une étroite bande de température, alors que les bactéries supportent le cœur léger tous les écarts qu'on leur inflige en laboratoire. La vie s'est développée sous des formes robustes avant de se spécialiser par milieu. Donc, si nous évoluons dans des intervalles de tolérance aussi étroits, ce n'est pas parce que ceux-ci sont propices à la vie, c'est parce que nous avons été taillés sur mesure pour les occuper au mieux. Nul doute que si les bactéries colonisaient une planète très différente, leurs descendants lointains auraient peu de points communs avec l'homme. Pourquoi donc supposer que nous formons LA référence à l'échelle de l'Univers ? Sur une planète extrêmement froide, où l'eau serait solide mais où l'azote coulerait à flots, on peut très bien imaginer des bactéries baignant dans l'azote, qui formerait la base d'un autre déroulement de l'évolution, avec les créatures les plus étranges en fin de parcours. À bien y réfléchir, ce serait même nettement plus intéressant que de trouver une petite sœur jumelle de la Terre. Car à quoi bon confirmer une vieille lune de la physique : les mêmes causes produisent les mêmes effets ? Si, par contre, d'autres causes produisent aussi les mêmes effets – une vie intelligente –, il faut commencer à se poser de sérieuses questions sur cette « pulsion vers la conscience » qui, selon certains, traverserait l'Univers sous toutes ses formes.

Ah, que ces vingt mètres de galets furent longs à parcourir !

139

Complètement stone !

Le 9 février 2000, une fusée Soyouz décolle des steppes du Kazakhstan, embarquant un module d'atterrissage armé d'un dispositif de rentrée atmosphérique révolutionnaire : un bouclier thermique gonflable en matière plastique, dans lequel des échantillons rocheux ont été sertis. Auparavant, les roches ont été saupoudrées de micro-organismes vivants ! L'expérience, baptisée STONE 2, doit permettre de se faire une idée de l'aspect de cellules vivantes après une rentrée atmosphérique. *A priori,* elles risquent d'être sérieusement endommagées, mais après tout ce qu'on a appris sur les bactéries, on se dit qu'elles pourraient éventuellement survivre aux conditions extrêmes qui caractérisent une rentrée atmosphérique, à condition d'être protégées de tous côtés par une épaisseur suffisante de matériaux rocheux… C'est, en tout cas, la situation qui a peut-être prévalu dans les météorites martiennes. La question est de première importance, puisqu'elle conditionne la possibilité ou l'impossibilité que la vie essaime d'un astre à l'autre à travers l'Univers.

Dans l'expérience STONE 2, les échantillons rocheux ont un diamètre très faible, de sorte que les cellules sont vouées à une mort quasi certaine. Mais on se promet déjà beaucoup d'informations utiles rien qu'à l'étude des résidus organiques. On comprendra au moins comment les micro-organismes martiens incrustés dans une météorite sont altérés et détruits au cours de leur voyage.

Hélas, les mauvaises conditions météorologiques qui règnent sur le site d'atterrissage ne favorisent pas la mission. Suite à un incident technique, le freinage est moins important que prévu et la violence du choc endommage fortement les petites pastilles de roches collées au bouclier gonflable, rendant le matériau inutilisable. Tout est à recommencer.

140

On a baptisé « extrémophiles » les bactéries qui sont capables de survivre dans des milieux hostiles, tels les sols perpétuellement gelés, les vallées sèches de l'Antarctique à la température de – 30 °C (un climat semblable à celui de la planète Mars) et, à l'autre extrémité de l'échelle, les eaux acides et bouillantes des geysers, les sources hydrothermales océaniques à plus de 100 °C et 2 500 m de profondeur.

En 2002, le CNRS a lancé le programme GEOMEX (géomicrobiologie des environnements extrêmes). Physiciens, biologistes et géologues collaborent, avec pour mission d'explorer les limites physico-chimiques du vivant dans des milieux réputés hostiles.

Au programme notamment, séquencer le génome de la bactérie *Ramlibater tataounensis*, celle qui présente les microstructures semblables à celles de la météorite martienne.

Si la météorite de Tataouine apporte des arguments contre l'origine martienne des micro-organismes de la météorite ALH 84001, paradoxalement, elle rend soudain plausible la vie extraterrestre dans un éventail d'environnements bien plus large que ce que l'on pensait : les glaces polaires de Mars, les couches profondes et glacées d'Europe, Callisto et Ganymède, satellites de Jupiter, ou Titan, satellite de Saturne. Autant de nouvelles scènes qui s'ouvrent pour le grand spectacle du vivant.

141

Si les chercheurs sont capables d'extraire autant d'informations des météorites martiennes tombées sur Terre, notamment à propos de l'eau qu'elles contiennent, pourquoi dépenser des milliards de dollars dans la future mission de retour d'échantillons Mars Sample Return (MSR) ?

Cette question revient souvent aux oreilles de ceux qui sont impliqués dans tout programme consacré à la Planète Rouge. L'objectif principal de l'aventure spatiale consiste non pas à rechercher la présence d'eau, mais bien des traces de vie actuelle ou passée à la surface de notre petite voisine. Si l'on met de côté le cas controversé de ALH 84001, les autres météorites SNC proviennent toutes de l'intérieur de Mars et en ont été arrachées lors de violentes collisions entre un astéroïde et la planète. MSR collectera donc quelques centaines de grammes de roche issue de la surface ou des premiers mètres du sol martien. Il faudra sélectionner des sites où de l'eau s'est écoulée et où elle pourrait éventuellement subsister à faible profondeur. L'analyse des échantillons complétera les théories sur la géologie martienne que les scientifiques ont déjà échafaudées, notamment à l'aide des météorites. La mission MSR présentera aussi l'avantage de prouver définitivement que ces cailloux trouvés sur Terre proviennent bien de la Planète Rouge. Pour l'instant, il n'y a que des arguments indirects pour dire que ces roches sont martiennes. Même si la démonstration est convaincante, les géologues attendent tout de même de MSR l'ultime confirmation, et une nouvelle collection de cailloux parfaitement authentiques à étudier.

La mission Mars Sample Return a déjà été retardée de 7 ans. Elle devrait partir en 2013 et ne rapporter de précieux échantillons du sol martien qu'en 2015 au mieux. Ce sera alors la foire d'empoigne entre les laboratoires pour en obtenir quelques miettes. La guerre des météorites martiennes a encore de beaux jours devant elle.

CHAPITRE 4

Pierres sonnantes et trébuchantes

142

La chasse aux météorites est devenue la ruée vers l'or des premières années du XXIe siècle. Mais la quête est ardue. Ces objets extraterrestres sont beaucoup plus difficiles à dénicher qu'une épingle dans une botte de foin… Notre planète étant recouverte à 71 % par les océans, la plupart des météorites tombent à l'eau. Si une météorite plonge au cœur d'une forêt, dans une savane ou dans une région montagneuse et caillouteuse, elle sera également perdue à tout jamais. Les lieux de prédilection pour ce genre de découverte sont les déserts de glace ou de roches calcaires, là où la surface de la Terre est solide et nue. Le fond clair du sable, l'absence de végétation et une érosion moindre permettent de repérer plus facilement les taches sombres des météorites.

On pourrait croire, au vu des belles collectes sahariennes, que la recherche de météorites est aisée. Pourtant, il faut imaginer qu'il se passe des semaines entières sans résultats, ponctuées de découragement et de faux espoirs. Même en plein désert, loin des pistes, on trouve plus de boîtes de conserve et de vieux pneus qui traînent que de cadeaux du ciel… Les journées, soudain, s'amenuisent. Manger, boire, dormir, les gestes essentiels… et puis scruter le sable, seulement cela. Mais un jour, l'instant magique se produit. Une pierre, là, sur le sol, est cette météorite tant convoitée : un messager stellaire qui, peut-être, changera la vision des choses et qui, en un instant, efface toutes les épreuves subies.

143

Étoiles exilées
que l'on attrape avec les doigts

En toute logique, plus on multiplie le temps de recherche et le nombre d'observateurs, plus on cueille de pierres célestes, à condition cependant d'avoir le coup d'œil, qui vient avec l'expérience. Dans le désert, on peut théoriquement en trouver une pour chaque centaine d'hectares prospectée.

Une expérience menée aux États-Unis, avec une centaine d'élèves d'un collège à qui l'on a demandé de ratisser une vaste zone en marchant à deux mètres les uns des autres pendant une journée entière, a permis de trouver trois météorites. Une personne seule peut donc espérer en trouver une pour chaque mois de recherche, en moyenne. Au Mexique, le collectionneur Robert Haag a lancé un appel au micro d'une radio locale, et a pu récupérer plusieurs dizaines de kilogrammes de la météorite d'Allende. La zone d'impact avait pourtant été passée au peigne fin dans les semaines qui suivirent la chute. Au Nigeria, ce sont les enfants d'une école qui, pendant des jours, ont méthodiquement ratissé une zone qu'il leur avait indiquée.

En France, il existe une douzaine de chasseurs de météorites, travaillant généralement en couple : homme-femme, père-fils, frères…

144

Dans sa boutique-galerie de l'île Saint-Louis, Alain Carion voit défiler une vingtaine de personnes chaque semaine pour demander des expertises d'échantillon. Un sur mille seulement est une authentique météorite.

Physicien de formation, spécialiste des lasers militaires et titulaire d'un certificat d'astrophysique, Alain Carion a un jour décidé de vivre pleinement sa passion des minéraux et des fossiles. Les météorites en sont le prolongement naturel. Il s'est mis à arpenter le Maroc au sud d'une ligne Ouarzazate-Errachidia, dans l'espoir de trouver à la fois météorites et fossiles. Ahmed Amouri était souvent son guide. Un soir, alors qu'ils étaient réunis pour boire le thé, à Zagora, un Berbère s'approcha et déballa le contenu de son sac : un bout de caillou entre quelques fossiles. Et c'était une météorite, la première trouvée dans le grand sud marocain. Après quelques heures de palabres, Carion l'a acquise et a chargé Ahmed de vérifier s'il n'y en avait pas d'autres sur le lieu de la trouvaille. Le mois suivant, Ahmed en avait ramassé 30 kg. En janvier 2001, le même Ahmed est entré en possession d'une magnifique lunarite de 1 100 g. Plusieurs collectionneurs se sont partagé la trouvaille, et la fabuleuse pierre a été coupée en tranches.

Depuis, le Maroc est devenu le paradis des chasseurs de météorites. Une bonne part de la population sillonne le désert, armée d'un détecteur de métal ou d'un aimant. Cela permet de trouver facilement les sidérites, très métalliques, et même les chondrites qui contiennent toujours un peu de fer. Seules les achondrites ne peuvent être repérées de cette façon…

Les aimants, souvent prélevés sur les placards de cuisine, représentent pour le chasseur de météorites ce que le stylo est pour l'écrivain.

145

Bruno Fectay et Carine Bidaut sont, à la base, des spécialistes de paléontologie et d'archéologie. En 1997, ils montent une société baptisée *La mémoire de la Terre* et acquièrent un véhicule 4 × 4 en vue d'arpenter le Sahara occidental. Lors de leurs recherches, ils s'aperçoivent que les zones riches en gisements de dinosaures et de flèches préhistoriques contiennent autre chose : des météorites.

Passionnés qu'ils sont par l'examen des vestiges du passé, ils reconnaissent tout de suite l'intérêt scientifique de tels objets et décident de pousser leur passion jusqu'à l'histoire de notre Système solaire. Ils mettent sur pied une équipe de prospecteurs issus de la population locale. Aujourd'hui, la chasse aux pierres célestes est devenue une véritable entreprise. Conduisant trois 4 × 4 et une dizaine de motos, quatorze Marocains, formés sur le terrain, quadrillent méthodiquement des carrés de désert de 100 km de côté pendant trois mois chacun. La recherche s'effectue sans autre instrument de détection que l'œil, et ils privilégient les zones argilo-calcaires de grands regs clairs, sur lesquels la croûte calcinée d'une météorite ressort par contraste. Au départ, tout se fait dans la voiture, à 10 km/h. Ils scrutent le sol par la fenêtre, ou carrément depuis le toit, pour dénicher la pierre qui dépasse dans l'océan minéral. Ils utilisent aussi une balise GPS pour localiser les sites, et permettre un ratissage systématique sans repasser deux fois au même endroit. Ils repèrent d'abord les plus grosses pierres puis, s'ils en trouvent une deuxième, ils peuvent déterminer l'axe de chute, car les météorites se fragmentent généralement lorsqu'elles entrent dans l'atmosphère. Puis ils arpentent l'ellipse que les débris ont dessinée autour de cet axe pour ramasser les autres morceaux.

Leur moisson s'est révélée fructueuse : ils ont récolté plus de 400 météorites, dont des pierres lunaires et martiennes. C'est cette équipe qui a trouvé NWA 480, la fameuse météorite martienne achetée 60 000 euros par le CNES. En commerçants avisés, Fectay et Bidaut ont aussi des contacts avec d'autres organismes de recherche intéressés par l'acquisition de météorites originaires de Mars ou d'ailleurs.

146

Adoptant une approche moins « industrielle », Alain Carion effectue sa prospection à pied et en famille. Ils sont généralement huit. Chacun part le matin, à partir d'un point fixe, en étoile et… au feeling.

Si chacun a sa propre méthode, il faut dire que tous les professionnels se connaissent et se tiennent à l'œil. Bien que les météorites ne s'organisent pas vraiment en filons, ils se montrent jaloux de leurs secrets comme des chercheurs d'or. Chacun cache soigneusement ses lieux précis de prospection et certains même préfèrent opérer leurs transactions sous un faux nom, histoire de brouiller les pistes.

147

Hôtel trois mille étoiles

Michel et Françoise Franco, eux, ont commencé leur prospection en Libye. Jeune ingénieur géophysicien, Michel avait d'abord baroudé en vrai aventurier, accompagnant notamment Jean-Louis Étienne dans ses expéditions au pôle Nord et dans la Transantarctica. En 1997, le couple a acheté un véhicule tout terrain d'occasion. Depuis, ils partent chaque année, la voiture remplie de l'équipement nécessaire à un raid de trois mois en autonomie complète. Les conditions sont spartiates. Pas de place pour une tente. Chaque nuit se passe dans le plus beau des hôtels, un palace à trois mille étoiles.

Après 7 000 km de pérégrinations dans le désert libyen, ils ont collecté quelques dizaines de cailloux noirs et encore plus de souvenirs inoubliables. Le plus poignant ? Ce jour où ils ont cru qu'ils étaient tombés sur un eldorado, chargeant leur véhicule à ras bord pour se rendre compte, un peu plus tard, qu'il s'agissait de minerai de fer abandonné après un sondage. Le plus touchant ? L'histoire du berger qui connaît un jardinier qui a vu tomber une météorite voici dix ou quinze ans. Les météorites « jeunes » sont très prisées des scientifiques et nos deux aventuriers se lancent sur la piste. Le jardinier les renvoie vers une femme qui habite au fin fond du djebel. Celle-ci refuse de parler car son mari est parti. Plus tard elle révèle que c'est un cousin éloigné qui a vu tomber la pierre. Bref, des semaines de recherches et de palabres s'écoulent avant que le vrai témoin soit identifié et révèle… que le caillou a été réduit en poussière : « On a pensé que c'était un mauvais présage. Alors on l'a ramassé, il était gros comme un melon et on l'a cassé sur une pierre plate. »

Michel et Françoise sont deux idéalistes qui se refusent à débiter leurs pierres en tranches pour en faire commerce, même si, parmi les collectionneurs, les météorites lunaires sont si prisées qu'elles se négocient jusqu'à 10 000 euros le gramme. Ils préfèrent les montrer aux spécialistes, les faire toucher aux enfants, organiser des expositions et des conférences. C'est ainsi qu'ils gagnent leur vie. Ils viennent quand même de fonder une entreprise commerciale, *Caillou noir*, où ils commencent à écouler des cailloux à des prix imbattables : 14 g de Zag sont offerts à 56 $.

148

Une page de publicité

« Cette météorite est sans doute la plus célèbre de toutes les chutes britanniques. Elle est tombée douze ans seulement après la fin de la révolution américaine contre l'Angleterre, onze ans seulement après que les Américains signent leur déclaration d'indépendance, et pendant le mandat présidentiel de George Washington ! La plus grande part de ce trésor est enfermée dans des musées, des institutions et des collections privées. Mais nous avons recueilli une partie de Wold Cottage qui se trouvait dans la collection du British Museum et en avons débité des tranches EXCELLENTES qui sont disponibles à l'achat sur notre site Web. La météorite de Wold Cottage est une magnifique L6 (à faible taux de fer) et beaucoup de nos tranches contiennent de la croûte de fusion ! Les tranches avec croûte valent 600 $ le gramme et les tranches sans croûte sont en PROMOTION au prix de 400 $ le gramme. Regardez et comparez… ce produit est très difficile à trouver. Oui… il coûte plus cher que la plupart des chondrites, mais quoi, il s'agit de LA Wold Cottage. Elle est très rare, surtout en tranches d'une certaine taille et avec croûte. En tant que chute historiquement observée, elle est de très grande valeur – son prix ne pourra qu'augmenter. »

Voilà le genre de littérature que l'on trouve sur Internet, en bien plus grande quantité que l'information scientifique. Pas très différent de la vente de la petite culotte de Madonna aux enchères. Simplement, il s'agit souvent de la petite culotte de Vesta (déesse du foyer).

149

La grand-messe des passionnés de météorites a lieu chaque année en février dans la ville de Tucson, en Arizona. C'est la Foire aux Minéraux. À l'origine, cette manifestation concernait surtout les pierres précieuses et les fossiles, mais depuis quelques années les transactions sur les météorites ont pris un essor considérable. L'esprit de l'événement est resté très bon enfant, comme les Américains savent l'être. En plus du Show Principal se déroulant au Palais des congrès, des chambres louées dans les motels de la ville font office de stand pour le « Satellite Show ». Là, chacun se penche sur les lits pour faire son petit marché. Mais ne nous y trompons pas, l'affluence et l'envol du marché aidant, ces chambres-boutiques coûtent à peu près aussi cher que n'importe quel vingt mètres carrés dans un Salon international. Les vendeurs viennent d'ailleurs du monde entier, et les acheteurs aussi.

150

Meteoriteman

Le vendeur le plus en vue s'appelle Robert Haag. Ses parents, des émigrés tchèques, étaient négociants en minéraux. En 1969, alors qu'il a 12 ans, il voit Neil Armstrong poser le pied sur la Lune et son imagination s'envole. Un peu plus tard, il visite une exposition dans un planétarium et tombe nez à nez avec une météorite. C'est la révélation. Il ne jurera plus que par les pierres célestes. C'est lui qui, en 1988, échange sa riche collection contre 2,8 kg de Zagami, météorite martienne qu'il revend à 1 000 $ le g. Il devient alors le plus grand collectionneur privé du monde – deux tonnes de matière à son actif. On l'appelle *Meteoriteman*. C'est sous son impulsion que la foire de Tucson est devenue l'événement capital pour les *meteorite junkies*.

Si vous entrez dans son échoppe pendant la foire, il sautera sur vous immédiatement pour vous fourrer dans les mains le *Field Guide of Meteorites* écrit par lui-même. C'est de loin l'article le moins cher de toute la boutique. Mais c'est le plus perfide. Accroché par les magnifiques photos et les récits d'aventures, le simple badaud risque de se métamorphoser en collectionneur enragé. Et s'il n'a pas de quoi se payer un morceau de la Lune ou de Mars (pourtant très abordables si l'on considère l'alternative : aller en chercher sur place soi-même), il pourra toujours se rabattre sur les petits flacons étiquetés *stardust* (poussière d'étoile). Ce sont les résidus tombant de la scie au diamant qui tranche les météorites. Il pourra l'offrir le soir à ses enfants en disant : « Le marchand de sable est passé. »

151

La fièvre des météorites (la météoritite ?) touche deux catégories de personnes bien différentes : les collectionneurs et les savants. Encore que les deux activités ne soient pas incompatibles, ces deux groupes obéissent à des motivations distinctes. Chez le collectionneur : le plaisir de l'objet rare, la magie du lieu de provenance, le suspense des nouvelles chutes et des nouvelles trouvailles, éventuellement la spéculation. Pour le savant : chaque pierre est une source d'information unique sur l'histoire du Système solaire et même au-delà, c'est un flash-back sur nos origines cosmiques, un train de réponses à la question : d'où venons-nous ?

Il semblerait que les scientifiques ne fassent pas le poids. La plupart des météorites leur échappent. Il y a quelques années encore, elles étaient accessibles à toutes les bourses. Aujourd'hui, leur prix a au minimum triplé. Il faut 2 euros pour obtenir un seul gramme de la pierre la plus ordinaire. D'aucuns disent que par les temps qui courent, où le Nasdaq nous fait la danse de Saint-Guy et le CAC 40 du saut à l'élastique, les météorites sont devenues le meilleur investissement possible. Il est un fait que peu de valeurs boursières peuvent rivaliser avec les placements cosmiques. La multiplication des collectionneurs privés (ils sont aujourd'hui plus de 5 000 dans le monde) a fait exploser les prix, qui ont pratiquement triplé en deux ans. N'est-ce pas moral, pour échapper aux vicissitudes de l'économie de marché, de mettre ses billes dans celles qui tombent du ciel ?

152

Les scientifiques ont tendance à critiquer les chasseurs et les collectionneurs parce qu'ils se sentent spoliés d'un matériau de premier intérêt. Ils parlent volontiers de dilapidation du patrimoine naturel, de pillage et de saccage, comme dans le cas des tombes égyptiennes. C'est oublier un peu vite que la plupart des météorites qui s'échangent ne seraient jamais venues au jour s'il n'y avait eu des passionnés pour aller les chercher là où elles sont, c'est-à-dire n'importe où. Exception faite des expéditions polaires, les scientifiques n'ont ni le temps ni les moyens de ratisser la planète au peigne fin. Par ailleurs, la nature elle-même détruit la grande majorité des météorites, englouties dans les flots ou dans la végétation. Même les cailloux qui tombent dans le désert peuvent être facilement recouverts par le sable ou enfoncés par les pneus du Paris-Dakar. Alors, faut-il parler de pillage ou de sauvetage ?

Il vaut mieux voir les choses comme une synergie profitable à tous. Sans les chasseurs, cette meute de rabatteurs incomparables, les scientifiques n'auraient tout simplement pas accès aux échantillons qui défilent actuellement dans les laboratoires. Et sans les scientifiques, les chasseurs seraient bien en peine d'authentifier leurs trouvailles qui seraient du coup sans valeur.

Au moment de sa découverte, une météorite n'est qu'un caillou. C'est l'expertise qui détermine sa véritable identité, donc sa valeur, authentifiée par un certificat. En principe, lorsqu'une météorite est apportée au Muséum ou dans un laboratoire pour analyse, ce dernier en garde un fragment en guise de défraiement. Pour le reste, il est vrai que les belles pièces sont devenues beaucoup trop chères pour les laboratoires. Elles partent alors dans des collections privées, finissent parfois sur un dessus de cheminée, perdues pour la science, mais pas pour le rêve.

153

Les météorites ne font pas l'objet d'une cotation officielle, comme l'or ou d'autres matières précieuses. Les amateurs se tiennent informés dans les foires, les boutiques ou sur Internet. Le prix oscille entre quelques centimes et 10 000 euros le gramme. Les moins chères sont les sidérites. Un caractère historique peut faire monter le prix d'une sidérite, comme c'est le cas pour Sikhote-Alin. Cette masse tombée en Sibérie orientale en 1947 est la seule sidérite dont la chute ait été observée et cela suffit à la rendre plus désirable que ses consœurs clandestines. Elle est proposée à 0,6 euro le gramme. De même, celles qu'on trouve autour du Meteor Crater valent 0,4 euro. Quant aux Gibeon de Namibie, elles se négocient à 0,3 euro à l'état brut, et à 0,5 si elles sont polies.

154

Il y a plusieurs façons de débiter la météorite. Comme en boucherie, on peut acheter la bête complète, en morceaux ou en tranches. Elles se vendent au poids selon leur type et leur histoire. À qualité égale, les chutes ont toujours plus de valeur que les trouvailles. Surtout s'il s'agit de sites prestigieux dont on connaît les comptes rendus historiques, comme ceux de Wold Cottage, L'Aigle ou Ensisheim. Un fragment de 10 g d'Ensisheim dépasse 3 000 euros.

155

Deuxième catégorie, les météorites pierreuses, dont les chondrites sont les principaux représentants, sont rarement vendues à moins de 2 euros le gramme. On monte jusqu'à 10 euros pour une Allende. Les chondrites carbonées sont les plus recherchées et valent jusqu'à 100 euros le gramme, 10 fois leur poids en or. Les chondrites qui présentent des inclusions de diamants microscopiques sont vendues jusqu'à 150 euros.

Parmi les lithosidérites, les pallasites (nommées d'après

la Pallasite de Krasnoïarsk à laquelle elles s'apparentent) sont les plus recherchées. Ici, c'est l'aspect esthétique qui entre en ligne de compte, car leurs inclusions de cristaux d'olivine jaune-vert en font des objets remarquables. Il faut compter 20 euros le gramme en moyenne, et encore deux fois plus pour la pallasite d'Esquel, tombée en Argentine en 1951. Les inclusions y sont si exceptionnelles que ses fragments sont utilisés en bijouterie.

156

Une météorite entière vaut moins que la somme de ses parties (toujours comme en boucherie). Les négociants les plus rusés s'ingénient à saucissonner en fines lamelles les météorites pour les monter en pendentif. Le résultat n'est pas à dédaigner. Il faut avoir vu briller dans la lumière une pallasite rehaussée de cristaux d'olivine pour en apprécier toute la beauté.

En définitive, le débat sur la moralité de ce commerce dépend essentiellement de la météorite visée. S'il s'agit d'une Gibeon parfaitement connue, dont on possède des centaines de tonnes, la dissémination est tout à fait acceptable et permet de sensibiliser de nouveaux amateurs ou étudiants à la beauté et à l'intérêt de ces pierres. En revanche, s'il s'agit d'une Zagami, censée provenir de Mars, son exploitation s'apparente effectivement à un pillage de tombe – en l'occurrence pas celle d'un pharaon égyptien, mais d'un dieu romain.

157

Il n'y a pas que les météorites qui s'arrachent à prix d'or. L'engouement touche peu à peu tout ce qui y a trait de près ou de loin. En particulier les cratères. Ceux-ci ne peuvent pas encore se débiter en rondelles, mais ils contiennent des roches particulières, transformées par les météorites. Du coup, un peu de la grâce céleste rejaillit sur eux.

Les grands cratères, en plus, ont ce renom d'être la trace de collisions cataclysmiques dont l'une au moins aurait eu des conséquences incalculables puisqu'elle pourrait avoir effacé les dinosaures de la surface de la Terre voici 65 millions d'années (amateurs d'apocalypses : j'y reviendrai plus loin). Le cinéma a également mis ce sujet à l'honneur avec plusieurs films catastrophes sur le thème de la méga-collision cosmique.

Rochechouart, petite commune de 4 000 habitants dans le département de la Haute-Vienne, à 40 km à l'ouest de Limoges, est située au bord d'un important cratère d'impact d'une vingtaine de kilomètres de diamètre, aujourd'hui très effacé par l'érosion. L'impact de Rochechouart remonte à 200 millions d'années, soit une époque où l'Atlantique n'avait pas encore commencé à s'ouvrir. Comme toutes les météorites de grande taille, sous l'effet de l'impact, il y a eu sublimation. Aucun fragment de la météorite n'a subsisté, les vapeurs se sont condensées et ont donné de très fines particules métalliques qui sont retombées au fond du cratère. Les roches du socle ont été en partie fondues et vaporisées. Tout autour, le socle cristallin a volé en éclats et poussières qui sont retombés et se sont agglomérés en *brèches*, ainsi qu'on appelle les conglomérats formés d'éléments anguleux qui résultent de leur brisure.

Les brèches de Rochechouart ont servi à construire l'église, le château et des maisons – à une époque où l'on ne se doutait guère de leur origine. La plus ancienne construction qui utilise ce matériau né de la rencontre du ciel et de la terre est le site des thermes gallo-romains de Chassenon, édifice daté du Ier siècle après J.-C. Aujourd'hui, on peut encore ramasser des brèches dans quelques carrières des environs. Alain Carion s'est dit qu'il pourrait tirer parti de l'histoire extraordinairement attachante du site, et il parvient effectivement à vendre des échantillons à 300 euros le kg. Il rejette vigoureusement toute accusation de pillage en arguant du fait que des millions de tonnes du même matériau disparaissent régulièrement « sous les gravats ». Il ne voit aucune raison de s'interdire d'en sauver quelques fragments.

De la même façon, il s'intéresse à la suévite, un mélange de granit et de gneiss fondus à haute température et violemment comprimés par l'impact d'un bolide cosmique. En particulier celui qui s'est abattu sur la Bavière, à Nördlingen, à 70 km au nord d'Ulm, il y a 15 millions d'années. Sur place, un morceau de suévite se vend 10 euros. À la foire de Tucson, le même morceau coûte trente fois plus.

158

Celles qui se prennent et celles qui se donnent

Tout ce marché qui s'est créé gravite autour d'objets matériels, échangeables, selon le principe général bien connu : plus c'est rare, plus c'est cher – avec une mention spéciale pour les spécimens particulièrement jolis. L'homme se permet ainsi d'évaluer les produits de l'Univers, de mettre un prix sur des morceaux de planètes ou d'astéroïdes qui gravitent à des millions de kilomètres d'ici. Soit.

Mais ce qu'il ne parviendra jamais à capturer, ni à expertiser, ni à négocier, ce sont les plus fines mouches de ces visiteuses, celles qui se consument entièrement dans leur plongeon vers la Terre. Fidèles au code d'honneur selon lequel le caillou meurt mais ne se rend pas, elles préfèrent se suicider par le feu plutôt que de tomber en des mains commerçantes. Lorsque, levant la tête par une nuit propice, nous serons captivés par le spectacle de leur fin lumineuse, nous aurons beaucoup reçu, et cependant rien à revendre, que notre joie, difficile à monnayer.

159

Éphémère progéniture de comète

Les étoiles filantes sont des grains cométaires microscopiques qui, en pénétrant dans l'atmosphère, s'échauffent par frottement et se désintègrent à 80 km d'altitude en ionisant les gaz alentour. À vrai dire ce n'est pas la combustion du grain porté à blanc que l'on voit à si grande distance, mais la traînée d'ionisation qu'il laisse dans l'atmosphère.

Les étoiles filantes sont la version miniaturisée et anodine des météores – le bonzaï du bolide. Ces étincelles nomades, si elles ne font pas d'argent, font parfois des poèmes.

160

Une étoile filante brille
Et tout tombe
Le ciel se ride
Les bras s'ouvrent
Et rien ne vient
Un cœur bat encore dans le vide

Pierre REVERDY [1]

161

Leur taille ne dépasse pas quelques millimètres. Ce sont des silicates (analogues à des grains de sable). Elles se

1. « Étoile filante » (extrait), dans *Plupart du temps*, 1915-1922, Gallimard.

consument dans la haute atmosphère, leur température montant à 3 000 °C, et créent ces traînées lumineuses qui ne durent souvent qu'une fraction de seconde.

Il existe un lien entre la masse du grain et sa luminosité, donné par la formule de Hughes. À la vitesse typique de 70 km par seconde, la formule donne une luminosité égale à celle d'une étoile de première grandeur comme Sirius pour un grain de seulement 3 millimètres, et une intensité tout juste visible à l'œil nu pour un grain de 0,3 millimètre.

Pour que nous puissions voir une si petite poussière à 80 km de distance, il faut qu'elle ait mis toutes ses forces dans la bataille. Parler de chant du cygne n'est rien. Il faudrait parler de la flambée de l'étoile filante. Les savants se contentent de dire que le rendement de la combustion est très élevé.

162

Lorsque, par une nuit quelconque, vous observez une étoile filante, il s'agit d'un météore sporadique. Par ciel dégagé, on peut en voir quelques-uns par heure, en principe davantage après minuit qu'avant, et davantage en automne qu'au printemps (pour l'hémisphère nord).

Si de nombreux météores apparaissent la même nuit et semblent provenir du même endroit du ciel, il s'agit d'une pluie d'étoiles filantes. Vous verrez alors dix, voire cinquante météores et plus par heure (dans un ciel sombre sans Lune, loin des lumières des villes).

Cet essaim de météores résulte du passage annuel de la Terre dans la traînée de poussières laissée par une comète. Dans sa course folle, l'astre vagabond véhicule et éjecte autour de lui une grande quantité de matière, allant de la poussière au caillou. Une traînée composée de myriades de particules jalonne sa trajectoire elliptique dans le vide interplanétaire.

Ces sillages remplis de grains s'étendent sur des centaines de millions de kilomètres pour quelques dizaines de milliers de kilomètres de largeur, ce qui leur confère une forme de tube (tordu).

Les poussières flottent dans ce tube, obscures, et la Terre, en les bousculant de son atmosphère, les enflamme. Dans un certain sens, c'est plutôt la Terre qui tombe sur elles qu'elles sur nous. Si ce n'est, bien sûr, que notre planète, en croisant un tube, agit comme un aspirateur gravitationnel et engloutit ce qui traîne à la ronde.

Durant les plus belles pluies météoritiques annuelles on peut voir jusqu'à cent météores à l'heure. Et beaucoup plus encore lors de certaines années exceptionnelles (les grands crus), où l'événement prend l'allure d'une véritable tempête.

163

Le tube de l'année

Une vingtaine de tubes de poussières laissées par les comètes sont traversés chaque année, à des périodes bien précises, par la Terre en mouvement sur son orbite. La Terre prend alors une douche d'étoiles filantes. Certains morceaux peuvent être plus gros et se désintégrer spectaculairement sous forme de bolides.

Lorsque ces particules sont fraîches, c'est-à-dire peu après le passage de la comète et avant qu'elles ne soient dispersées par l'action gravitationnelle des astres environnants, le passage de notre planète dans ce tube donne lieu aux plus belles nuits.

Les grosses pluies annuelles d'étoiles filantes portent le nom de la constellation dans laquelle est situé leur radiant, c'est-à-dire la direction d'où elles semblent toutes provenir.

La pluie des « Ursides », versée par la Grande Ourse, a lieu entre le 17 et le 24 décembre (avec un maximum d'intensité le 22) et correspond à la comète Tuttle. Celle-ci est aujourd'hui « défunte ». On pouvait l'observer tous les 13 ans encore jusqu'au XIXe siècle, mais ses nombreux passages près du Soleil l'ont usée, c'est-à-dire ont consommé toutes ses matières volatiles, au point que ce n'est plus aujourd'hui qu'un amas de roches, de pierres et de poussières qui se promènent dans le Système solaire. Plus de glaces, plus de panache. Les Ursides, en panne d'alimentation, sont promises à une fin progressive.

Les essaims les plus facilement observables sont ceux des Perséides au mois d'août, et des Léonides en novembre.

164

Bonbon fondant

Les comètes sont des corps de quelques kilomètres de diamètre composés de roches, de glaces (eau, hydrocarbures, etc.) et de poussières. Quand la comète se rapproche du Soleil, sa surface se réchauffe et la glace se sublime (passe à l'état gazeux), emportant et relâchant les poussières dans l'espace. L'interaction de ces gaz et poussières avec les radiations solaires forme une longue traînée brillante. Dans cette chevelure, la comète perd son poids. Dix mètres d'épaisseur y fondent à chaque passage. Dans ces conditions, qui veut s'économiser doit espacer ses visites. Un baiser tous les 13 ans, c'est une cadence de fou, dans un mariage cosmique. Ce n'est plus de l'amour, c'est de la rage. Tuttle a tout flambé et est maintenant réduite à son squelette. D'autres comètes, plus avisées, ne rendent visite à leur époux que tous les cinquante ou cent ans, voire cent siècles pour les plus chastes.

165

« À la seconde où tu m'apparus, mon cœur eut tout le ciel pour l'éclairer. Il fut midi à mon poème. Je sus que l'angoisse dormait. »

René CHAR : « Le Météore du 13 août[1] »

166

Faites un vœu,
mais choisissez la bonne nuit pour le faire

Nom de l'essaim	*Date*	*Nombre approximatif de météores à l'heure*
Quadrantides	3-4 janvier	90
Lyrides	21 avril	15
η Aquarides	4-5 mai	30
δ Aquarides	28-29 juillet	25
Perséides	11-12 août	80
Orionides	21 octobre	20
Léonides	17 novembre	5 à 100 000
Géminides	13 décembre	100

167

Ne vous étonnez pas du nom de l'essaim des Quadrantides. Son radiant est situé dans la partie nord-est de la constellation du Bouvier. L'essaim devrait donc être appelé Bootides. Mais il porte le nom d'une constellation

1. Dans *Fureur et Mystère*, Gallimard, 1948.

que l'on trouve sur les cartes stellaires du XIXe siècle, le Quadrant, qui n'est plus reconnue officiellement depuis 1922, date où l'Union astronomique internationale a fixé définitivement les noms et les délimitations de 88 constellations. En outre, les Quadrantides ont aussi perdu la comète qui les a fait naître. Leur origine reste mystérieuse.

168

Dans la nuit du 12 au 13 novembre 1833, le continent nord-américain essuya le feu du ciel. Ce fut la plus belle pluie de Léonides de l'histoire moderne. Cinquante ans plus tard, l'écrivain Agnes Clerke la décrivit ainsi : « Une tempête d'étoiles filantes éclata sur la Terre. Le ciel était marqué dans toutes les directions de traces brillantes et illuminé par de majestueux bolides. À Boston, on estima que la fréquence des météores équivalait à la moitié des flocons tombant lors d'une tempête de neige. Leur nombre était bien supérieur à ce que l'on pouvait compter. Mais quand le phénomène s'affaiblit, on tenta un comptage à partir duquel il fut calculé que 240 000 étoiles filantes avaient dû être visibles. »

Les témoignages directs font état de scènes de panique, et certains historiens pensent que ce phénomène contribua au renouveau religieux qui toucha les États-Unis dans les années 1830. Le côté positif de l'événement fut qu'il suscita les premières véritables recherches scientifiques sur le domaine. Denison Olmsted, professeur à l'université de Yale, tira de ses observations que les étoiles filantes provenaient de l'espace, suivaient une trajectoire parallèle et se consumaient en entrant dans l'atmosphère. Il supposa que les météorites faisaient partie d'un corps nébuleux tournant autour du Soleil (sans faire le lien avec une comète toutefois) et que la pluie à laquelle il avait assisté était due au passage de la Terre au sein de ce nuage. Ce qui était exact à 100 %.

Trente ans plus tard, Hubert Newton, un autre professeur de Yale, qui subodorait une périodicité dans ce phénomène, rechercha dans les chroniques astronomiques européennes, arabes et chinoises des allusions aux « météores de novembre ». Il trouva treize mentions des Léonides, de l'an 902 à 1833. Newton en déduisit une périodicité de 33 ans un quart pour la comète, et prédit une grande nuit des Léonides pour novembre 1866, année du passage suivant. Sa prédiction fut vérifiée.

169

Chez les Indiens Pawnees, on raconte l'histoire d'un personnage nommé Pahokatawa qui aurait été tué par l'ennemi, dévoré par les animaux puis ressuscité par les dieux. Venu sur Terre sous la forme d'un météore, il aurait enseigné aux Indiens que, lorsque les météorites pleuvent en grand nombre, ce n'est pas un signe de fin du monde. En novembre 1833, quand les Pawnees assistèrent à l'averse d'étoiles filantes des Léonides, il y eut un début de panique. Alors le chef de la tribu prit la parole et dit : « Souvenez-vous des mots de Pahokatawa », et la peur s'envola de son peuple.

170

Dans la nuit du 17 novembre 1966, un étudiant du Kansas est réveillé par la sonnerie du téléphone. Sa grand-mère, une bigote, veut absolument lui parler. Mais loin de lui annoncer un malheur familial, comme il le craignait, elle lui intime l'ordre de s'agenouiller et de prier : les étoiles sont en train de tomber du ciel, dit-elle, et la fin du monde est arrivée. Le jeune homme lui répond tranquillement de retourner se coucher, car ce n'est qu'une pluie d'étoiles filantes qui survient tous les ans à la même époque. « Grand-mère, je t'assure, la fin du monde n'est pas pour cette nuit. » Malgré tout, par acquit de conscience, l'étudiant sort du dortoir pour regarder le ciel. Il aperçoit bien quelques étoiles filantes, mais comme la nuit est froide, il retourne se coucher.

Sans le savoir, il a manqué un spectacle de toute beauté : l'averse de Léonides de 1966 a atteint le taux record de 150 000 météorites à l'heure, avec un feu d'artifice de cent fusées par seconde au cours du maximum !

171

Tous les ans, aux alentours du 17 novembre, se produit la nuit des Léonides, du nom de ces étoiles filantes qui semblent jaillir de la constellation du Lion. Relativement modestes par rapport aux Perséides d'août, les Léonides fournissent quand même quelques belles zébrures brillantes dans le ciel. Mais sous certaines conditions, cet essaim de météores peut se transformer en une tempête d'étoiles filantes. Ce fut le cas en 1966. Lancées à plus de 70 km/s, des centaines de milliers de particules se sont consumées dans l'atmosphère en une fontaine de flammèches et d'éclairs.

L'astre vagabond auquel les Léonides sont associées est la comète nommée Tempel-Tuttle, en hommage à ses deux découvreurs, Ernst Tempel et Horace Tuttle. Le premier la détecta le 19 décembre 1865, le second quelques jours plus tard, le 6 janvier 1866. Cette même année, l'Italien Giovanni Schiaparelli démontrait que l'orbite de cette comète était quasiment identique à celle qu'occupent les particules provoquant l'essaim des Léonides, faisant pour la première fois le lien qui manquait.

Les grosses tempêtes de météores se produisent tous les 33 ou 34 ans, juste après le passage de la comète près du Soleil. Car si la Terre croise chaque année au même moment le tube de la comète, la comète, elle, se déplace à son propre rythme dans ce tube, en l'occurrence 33 ans un quart. Les prévisions sur l'intensité des Léonides doivent être prises avec beaucoup de précautions. Dans le passé, les pics calculés pour 1899 et 1933 n'ont pas été observés. On suppose que cette inconstance est due au fait que la distribution de particules entourant la comète est loin d'être uniforme en densité.

172

Comme Tempel-Tuttle est passée dans les parages du Soleil au début du mois de mars 1998, les astronomes ont espéré une tempête de météorites pour la nuit du 17 au 18 novembre de la même année.

Selon les prévisions, la Chine, la Sibérie, la Corée et le Japon devaient être aux premières loges. Des expéditions scientifiques furent organisées dans cette partie du monde, dont une de la NASA équipée de deux Boeing 707. Ils en furent pour leurs frais. L'averse eut lieu à 1 h 55 Temps Universel, soit 16 heures avant les prévisions. Au vu de la rotation terrestre, ce furent les Européens et les Américains qui eurent droit au show céleste. L'averse ne fut pas très drue, mais d'une beauté exceptionnelle. De véritables boules de feu, feux d'artifice rouges, violets, verts ou bleu électrique, churent du ciel au rythme de une toutes les 5, 10 ou 20 secondes. Certaines étaient plus éclatantes que la pleine Lune, et beaucoup laissèrent de brillantes traînées de toutes formes, visibles plusieurs minutes durant, à tel point que le ciel en était parfois strié. Le paysage environnant fut alors visible par flashs, comme illuminé par des éclairs d'orage, et la lumière était suffisante pour donner des ombres portées aux observateurs. Pour être aussi flambants, les grains cométaires devaient avoir la taille d'un pois chiche…

173

La prédiction ratée de 1998 fut un échec cuisant qui piqua au vif la fierté des astronomes. Aussitôt, plusieurs équipes internationales s'attelèrent à améliorer la modélisation des essaims cométaires. Il s'agissait, à l'aide de l'ordinateur, de modéliser l'essaim des Léonides dans ses moindres détails et de le faire évoluer sur plusieurs siècles, avec la prise en compte de plusieurs millions de particules de taille, de masse et de vélocité différentes, émises à chacun des retours de la comète Tempel-Tuttle. Il fallut aussi appliquer divers facteurs tels que les perturbations induites par la Terre et les planètes géantes, le vent solaire, et tenir compte de l'activité propre du noyau de Tempel-Tuttle.

Le modèle, baptisé « traînée de poussières » par ses principaux auteurs, David Asher et Robert Mc Naught, permit d'expliquer à rebours la belle pluie de bolides observée en novembre 1998, la quasi-totalité des pluies de Léonides historiques, ainsi que les grands ratés de 1899 et 1933.

Mais si parvenir à expliquer un phénomène *a posteriori* est une excellente chose, donner des prévisions réalistes pour les années suivantes est autrement plus gratifiant et permet d'asseoir la modélisation. Ainsi, pour novembre 1999, plusieurs pics d'activité furent prédits dont le plus important, selon le modèle « traînée de poussières », devait avoir lieu le 18 novembre à 2 h 08 TU au-dessus du Moyen-Orient et de l'Europe, avec un taux horaire allant de 500 à 1 000 météores…

Et qu'advint-il ? Ceux qui étaient dehors dans la nuit du 17 au 18 novembre 1999 ont pu observer les premières Léonides un peu avant minuit, puis le nombre de météores a rapidement augmenté : 500 Léonides vers 1 h 00 TU, 1 000 météores vers 1 h 30 TU, puis un nombre proprement hallucinant : 3 700 à l'heure pendant quelques dizaines de minutes autour de 2 h 00 TU, le maximum ayant eu lieu à 2 h 04 TU avec 4 petites minutes d'avance sur l'horaire présumé !

Ce succès était-il à mettre au crédit de la « traînée de poussières » ou dû à un pur effet du hasard ? L'observation des Léonides 2000 acheva de confirmer le modèle de façon… éclatante. Le premier pic d'activité observé, dû à la rencontre de particules vieilles de 2 révolutions cométaires (donc émises en 1932) eut lieu avec 17 minutes de retard sur l'horaire prévu ; le deuxième pic, attribuable à la rencontre avec la traînée de poussière de 1733 (8 révolutions) n'eut que 20 minutes d'avance, tandis que le troisième et dernier pic (particules de 1866, vieilles de 4 révolutions) survint avec 38 minutes d'avance seulement. Dans tous les cas, la fréquence horaire observée fut remarquablement comprise dans la fourchette prédite.

174

Maintenant que les prévisions météorologiques sur les pluies météoritiques peuvent être explicitées avec une précision remarquable, tant au niveau des dates et horaires de survenue qu'au niveau du nombre de météores à l'heure, aucune incertitude ne plane plus sur la qualité du spectacle, et les passionnés sont prêts à courir aux antipodes pour jouir au mieux de ces illuminations. Une de mes connaissances s'est rendue en Australie pour admirer les Léonides du 18 novembre 2001. Dans l'hémisphère sud, la constellation du Lion est basse sur l'horizon, et donc la trajectoire des météorites est rasante, ce qui a aussi pour effet de rendre les traînées beaucoup plus longues. Les observateurs qui se trouvent à la verticale de la constellation voient les traînées « en raccourci », tandis qu'en Australie ou au Chili, celles-ci peuvent parcourir tout le ciel d'un horizon à l'autre. Cette nuit-là, mon ami fut récompensé par une pluie d'environ une étoile filante par seconde – exactement ce qui était prévu.

175

Mais peut-être avez-vous pu, cher lecteur, apprécier combien le cru de 2002 fut excellent pour les Européens, même si les Léonides ont eu le goût amer de la pleine Lune, dont la clarté affadit celle des météores en combustion sur le velours de la nuit…

176

Tempête de sable

Si les êtres vivants sont bien protégés des averses cosmiques par les couches de l'atmosphère, il n'en va pas de même des satellites en orbite, qu'il s'agisse des satellites de télécommunication et de télévision ou des satellites d'observation de la Terre et de météorologie, en passant par les plates-formes militaires et les observatoires scientifiques. Ceux-ci prennent les projectiles de plein fouet, et pour leurs propriétaires ce ne sont pas les étoiles qui filent mais les dollars.

L'Agence spatiale européenne a mesuré, en mars 1986, les effets de ces particules véloces sur la structure d'un de ses engins. Tandis que la sonde Giotto plongeait dans la tête gazeuse de la comète de Halley pour en étudier et photographier le noyau, une poussière de la taille d'un grain de riz a percuté l'engin à 68 km par seconde. Le choc fut l'équivalent de l'explosion d'une grenade. Giotto survécut malgré tout et, grâce à la dextérité des équipes de contrôle, put être réutilisée six ans plus tard pour saluer le passage d'une autre comète.

En août 1993, c'est probablement un grain de poussière de la comète Swift-Tuttle qui a eu raison du satellite de télécommunication européen Olympus. Bien qu'il fût resté intact après le choc, il fallut dépenser tant de carburant pour le maintenir à son poste qu'il devint vite inexploitable.

177

Les satellites font le gros dos

Les responsables de programmes spatiaux ont appris à prendre des précautions pour minimiser l'impact des tempêtes de poussières. Lors de la pluie des Léonides de 1998, pendant la phase estimée dangereuse, l'Agence spatiale européenne a mis hors tension ses satellites d'observation ERS-1 et ERS-2. Le satellite d'observation du Soleil, SOHO, a été réorienté de façon à protéger ses équipements vitaux et à n'offrir qu'une faible surface à la pluie. Les Américains ont modifié la position du télescope spatial Hubble afin qu'il tourne le dos aux météores et protège ainsi l'optique de son miroir.

178

La stratosphère constitue un rideau meurtrier pour les intrus, mais qui n'est pas capable pour autant de flamber tout ce qui passe. C'est une question de masses et de vitesses en jeu. Les grosses météorides traversent l'écran et peuvent nous tomber sur la tête. Les plus petites survivent également et atteignent le sol tout doucement. On les appelle micrométéorites. Ce sont des particules de taille inférieure au dixième de millimètre provenant d'astéroïdes et de comètes. Elles sont si minuscules qu'elles ne créent pas suffisamment de friction pour brûler dans l'atmosphère, et elles pleuvent lentement. Quand vous passez l'aspirateur dans votre grenier, vous faites disparaître au fond du sac des centaines de micrométéorites. Il est même possible qu'à l'instant précis où vous lisez ces lignes, quelques-uns de ces grains de poussières spatiales soient piégés dans vos cheveux.

179

Les micrométéorites se trouvent en prodigieuses quantités dans les sédiments marins profonds et dans les couches de glace du Groenland et de l'Antarctique. Les plus abondantes sont de petites sphères cosmiques composées de nickel, qui ont été cristallisées et oxydées pendant leur entrée atmosphérique. En étudiant les rapports isotopiques de l'oxygène qu'elles contiennent, on peut ainsi être renseigné sur la teneur en oxygène dans l'atmosphère supérieure.

180

Dans les déserts de glace, la technique de collecte des micrométéorites a été mise au point par le Français Michel Maurette : elle consiste, dans son principe, à faire fondre un échantillon de glace pour récupérer les poussières cosmiques.

Au Groenland, où le processus a initialement été testé, il faut séparer les milliers de micrométéorites des algues microscopiques auxquelles elles sont mélangées. En Antarctique, la glace n'est pas contaminée et les micrométéorites sont mieux conservées. En janvier 2000, une campagne de collecte à la station antarctique Concordia a raflé quelques centaines de grains en prélevant 13 m^3 de neige.

181

La NASA, de son côté, recueille les micrométéorites dans la stratosphère. Un avion espion a été équipé de capteurs enduits d'huile de silicone où se collent des micrométéorites d'environ 20 micromètres. Mieux, le ramassage de grains cométaires peut se faire hors atmosphère, afin d'éviter une trop grande altération des grains due à la friction avec les molécules d'air. Une équipe de l'Institut d'astrophysique spatiale d'Orsay conduite par mon ami Jean-Pierre Bibring a utilisé à plusieurs reprises la station orbitale russe Mir. Des boîtiers collecteurs sont installés sur une poutre à l'extérieur du véhicule, et ouverts pendant les périodes où la Terre traverse des essaims météoritiques. Des aérogels spécifiques ont été mis au point pour que les grains s'y déposent en douceur, sans être disloqués, ou chimiquement altérés par l'énergie de l'impact. Un aérogel est une sorte de mousse formée de bulles extrêmement fines qui font office d'amortisseur. Lorsqu'une particule le percute, elle est freinée rapidement sans être détruite, puis reste prisonnière.

À la fin d'une période d'observation, les boîtiers sont récupérés et redescendus sur Terre, où l'on procède à l'analyse des impacts et des résidus de grains. Cette expérience a été réalisée sur la station Mir en 1995 pour récolter un peu du miel de l'essaim des Orionides, lié à la comète de Halley. Les boîtiers ont été réinstallés en novembre 1998 et ouverts pendant la traversée de l'essaim des Léonides. Les échantillons collectés sont toujours en cours d'étude : il n'est pas aisé de repérer les micrométéorites dans l'aérogel et de les extraire.

182

Les météorites sont-elles des spermatozoïdes ?

Le débat sur l'origine de la vie a pris ces dernières décennies un tour considérablement plus vaste qu'auparavant avec l'entrée en lice des exobiologistes. Ceux-ci ne sont pas des biologistes exotiques, mais des gens qui étudient la vie en dehors de la planète Terre. La discipline n'existait que dans les livres et films de science-fiction jusqu'à ce qu'il faille l'inventer pour de bon, le jour où des molécules organiques furent découvertes dans un caillou d'origine extraterrestre. Dès ce moment, l'idée refit surface que non seulement la vie était possible ailleurs, mais que peut-être elle *venait* d'ailleurs, véhiculée par les météorites qui auraient ensemencé notre planète vierge.

À dire vrai, l'idée était assez ancienne. Dès 1821, Sales-Guyon de Montlivault avait émis l'hypothèse que des germes venus de la Lune avaient apporté la vie sur Terre. En 1865, en Allemagne, Hermann Richter avait cherché à compléter les théories évolutionnistes de Darwin en y ajoutant l'idée (et le mot) de *panspermie* : la vie aurait existé ou existerait un peu partout dans l'Univers, et serait transportée d'une planète à l'autre en traversant les espaces interstellaires sous forme de « spores » qui germeraient çà et là. Dans son célèbre livre *La Pluralité des mondes habités* (édition de 1880), Camille Flammarion prit parti pour cette théorie de la panspermie en se fondant sur la découverte de carbone dans les météorites. À sa suite, le chimiste suédois Svante Arrhenius défendit l'idée dans *L'Évolution des mondes*, paru en 1907. Traduit en toutes les langues, l'ouvrage eut beaucoup de succès et inspira en particulier le poète Jules Supervielle.

L'astronome anglais Fred Hoyle défendit avec éloquence la panspermie dans les années 1950. Selon lui, la plus grande partie de la poussière interplanétaire se composerait de bactéries et d'algues monocellulaires. Au gré des mouvements cosmiques, cette poussière organique aurait atteint toutes les planètes.

En 1978, assisté cette fois de Chandra Wickramasinghe, Hoyle récidiva dans l'ouvrage *Le Nuage de la vie*, soutenant que la vie « arriva finalement sur Terre comme une pluie de cellules déjà vivantes, originaires des corps de type cométaire ». Et l'excentrique astrophysicien de s'emballer en affirmant qu'une intelligence supérieure était à l'origine de l'apparition de la vie sur Terre !

Pour finir, Francis Crick, codécouvreur de la structure de l'ADN, donna avec Leslie Orgel sa propre version (humoristique ?) de la panspermie : « Pour éviter d'être endommagés, on suppose que les micro-organismes ont voyagé dans la tête d'un vaisseau spatial inhabité, envoyé sur Terre par une civilisation supérieure qui s'est développée ailleurs il y a quelques milliards d'années. »

183

Ô nuit frappée de cécité,
Ô toi qui vas cherchant, même à travers le jour,
Les hommes de tes vieilles mains trouées de miracles,
Voici les germes espacés, le pollen vaporeux des mondes,
Voici des germes au long cours qui ont mesuré tout le ciel
Et se posent sur l'herbe
Sans plus de bruit
Que le caprice d'une Ombre qui lui traverse l'esprit.
Ils échappèrent fluides au murmure enlisé des mondes
Jusqu'où s'élève la rumeur de nos plus lointaines pensées,
Celles d'un homme songeant sous les étoiles écouteuses
Et suscitant en plein ciel une ronce violente,
Un chevreau tournant sur soi jusqu'à devenir une étoile.

Jules SUPERVIELLE[1]

184

Ne nous emballons pas !

Si la présence de microfossiles martiens dans la météorite ALH 84001 est une question particulièrement contestée, il est en revanche un fait bien établi : c'est que certaines météorites contiennent des molécules organiques

---

1. « Les Germes » (extrait), dans *Gravitations*, Gallimard, 1925.

(c'est-à-dire issues de la chimie du carbone) dont certaines comptent parmi les briques fondamentales de la vie telle que nous la connaissons sur Terre.

La présence de matière organique dans les météorites primitives a été remarquée dès 1834 par Berzelius. En 1869, quatre ans après la chute de la météorite carbonée d'Orgueil, le chimiste Berthelot identifiait la présence d'une substance dont les propriétés chimiques étaient voisines de celles des charbons terrestres. Mais personne ne pouvait écarter l'hypothèse que ces substances aient été apportées par une contamination locale et le problème est resté en suspens.

Ce n'est qu'au début des années 1970 que l'on a pu établir de façon certaine la présence de composés organiques d'origine extraterrestre dans certaines chondrites carbonées, en particulier des hydrocarbures et des acides aminés. De cette époque date la naissance officielle de l'exobiologie en tant que recherche et étude scientifique de la vie en dehors de notre planète.

Les acides aminés ne sont que les précurseurs de la vie et non la vie elle-même. Ils servent de briques fondamentales dans la formation des protéines – et l'ADN est une protéine. Donc ils constituent un chaînon capital dans l'évolution qui va du non-vivant au vivant, et ce fut une surprise d'envergure de découvrir ces composants disponibles à la surface de cailloux dérivant dans le vide interplanétaire. On sait aujourd'hui que les météorites hydratées-carbonées (les météorites carbonées qui montrent la trace d'un contact avec l'eau) contiennent de très nombreuses molécules organiques complexes (environ 400 dénombrées à ce jour), dont plus de 70 acides aminés.

Cependant, il y a un hic. Un acide aminé est une molécule à trois dimensions qui peut présenter deux orientations différentes dans l'espace : soit vers la gauche (lévogyre), soit vers la droite (dextrogyre) – exactement comme une vis peut avoir un pas de vis à droite ou à gauche, ou comme une main peut avoir le pouce à droite ou le pouce à gauche. Tout comme les vis et les mains, ces deux types de molécules sont symétriques l'une de l'autre et ne se superposent pas mais se reflètent comme dans un miroir. Sur Terre, tous les acides aminés que l'on connaît présentent la même orientation, ils sont lévogyres. *A priori*, cela peut paraître curieux, car statistiquement parlant les deux types de molécules devraient être produits en nombres égaux. Mais imaginez un instant que tous les acides aminés soient des vis qui s'emboîtent les unes dans les autres pour former les protéines. L'emboîtement ne sera possible que si toutes les vis ont le même pas de vis, le même sens de rotation. Les organismes vivants se sont donc développés à partir d'un seul des deux groupes d'acides aminés, le répliquant ensuite à la chaîne.

Dans l'espace, en revanche, les molécules créées restent libres et il n'y a aucune raison pour qu'une sorte l'emporte sur l'autre. C'est précisément cette particularité qui a fait office de preuve. Les acides aminés trouvés dans des météorites comme Allende, Murchison, Murray ou Orgueil sont répartis équitablement entre lévogyres et dextrogyres. Il est donc impossible qu'ils soient originaires de la Terre. C'est une bonne nouvelle (ces molécules organiques viennent bien de l'espace), mais c'est aussi une mauvaise nouvelle, car cela veut dire que leur présence ne peut pas témoigner de processus biologiques, fussent-ils embryonnaires ou fossiles. L'espace est plein de briques, oui, mais de briques qui ne s'emboîtent pas.

185

Et pourtant !

La météorite tombée à Murchison en Australie le 28 septembre 1969 a fait vibrer le monde des exobiologistes. Ce gros caillou contient divers hydrocarbures et plus de 70 acides aminés, dont 8 font partie des 20 acides aminés qui constituent les protéines que nous connaissons.

En outre, il contient des argiles, signe irréfutable qu'il a connu l'érosion par l'eau à l'état liquide. Mais le plus incroyable, c'est que pour la première fois on a repéré dans ces molécules la marque d'un sceau généralement considéré comme l'apanage exclusif de la vie. Très récemment, à l'université d'Arizona, John Cronin a trouvé dans la météorite de Murchison un excès d'environ 9 % de formes lévogyres pour certains acides aminés, ce qui suggère que la sélection d'un type sur l'autre a pu se faire, ou du moins s'enclencher, ailleurs que sur Terre.

186

On ne connaissait pas de mécanisme non biologique susceptible de produire ce type de déséquilibre. Mais ce n'est pas la vie non plus qui pourrait expliquer l'excès de molécules lévogyres dans la météorite de Murchison, puisque les acides aminés ne sont pas combinés. Tout récemment, la découverte d'un rayonnement infrarouge fortement polarisé dans une large portion de la nébuleuse d'Orion a fourni une hypothèse séduisante. La nébuleuse d'Orion est une région de formation d'étoiles, une pouponnière. La lumière de ces jeunes étoiles pourrait être polarisée par diffusion dans la poussière qui les environne. Polarisée, c'est-à-dire tamisée en fonction de l'orientation de l'onde – seuls les photons qui vibrent dans une certaine direction poursuivent leur course tandis que les autres sont arrêtés. Un polarisateur est un filtre. Le nuage de poussières du disque circumstellaire pourrait jouer ce rôle. La présence d'une lumière polarisée dans un jeune système stellaire peut alors être responsable du basculement de la chimie prébiotique vers la forme gauche des acides aminés, déséquilibre sur lequel la vie va s'appuyer pour se développer.

187

Le roman du carbone

La Terre se forme voici 4,5 milliards d'années. Au début, sa température est très élevée et sa surface est molle. Progressivement, une atmosphère riche en gaz carbonique et en vapeur d'eau se constitue. Il en résulte un effet de serre qui maintient probablement une température supérieure à 100 °C. À cette température, l'eau devrait s'évaporer, mais la forte pression atmosphérique contribue à la conserver à l'état liquide. La pluie entraîne le gaz carbonique dans l'eau des océans, le gaz va réagir avec des sels et donner des calcaires, c'est-à-dire des carbonates. Il se dépose au fond de l'océan, si bien que l'atmosphère s'appauvrit peu à peu en gaz carbonique et l'effet de serre est diminué. On atteint alors une température clémente en surface. En même temps, les océans s'enrichissent de molécules organiques simples, les briques élémentaires de la vie. Il y a donc eu un important apport de carbone. Ce carbone peut provenir de l'atmosphère terrestre qui contenait probablement du gaz carbonique, du méthane et du soufre. Le méthane semble trop rare à l'époque pour avoir permis à la vie de proliférer. Un mécanisme chimique à base de sulfure de fer et d'hydrogène sulfuré est capable d'extraire spontanément le carbone du gaz carbonique pour en faire des molécules organiques. Mais il y a d'autres sources envisageables. Par exemple des sources hydrothermales. Des geysers sous-marins à 250 °C existaient vraisemblablement à l'origine. Cette eau riche en gaz pourrait être le siège de la synthèse d'acides aminés. Les chercheurs ont reconstitué le phénomène en laboratoire.

La troisième piste, c'est l'espace. Dans l'eau tempérée de 30 à 100 °C des océans primordiaux tombe une énorme quantité de micrométéorites. Au moins 20 000 tonnes de micrométéorites chutent chaque année (contre 10 tonnes de météorites) sur Terre, apportant 3 000 tonnes de carbone.

Intégré sur le passé, les micrométéorites ont déposé 10^{17} tonnes de carbone sur Terre, soit cent mille fois la biomasse !

Leur analyse par Michel Maurette a révélé qu'elles sont riches en matière organique. La quantité de carbone apporté sur Terre par ce processus est énorme, largement de quoi démarrer la vie. Il faut sans doute accepter toute source démontrée expérimentalement. Une fraction importante est venue de l'espace, une partie est venue de l'atmosphère et une autre de sources hydrothermales. Il n'est pas démontré que l'espace puisse apporter tout ce dont on a besoin, il faut peut-être quelques épices bien terrestres. Un bon potage ne se fait pas qu'avec des légumes du jardin. Sur Mars, la vie serait construite sur le même principe, car Mars ressemblait beaucoup à la Terre à ses débuts. Cependant la planète a fini par perdre son atmosphère et se refroidir complètement. La vie, si on l'y trouve, n'y est plus qu'à l'état fossile.

SECONDE PARTIE

Chair aride des étoiles

Notre pierre qui es aux cieux,
Restes-y si tu ne veux pas tomber.

Gilles-Bernard VACHON

CHAPITRE 5

Les bons côtés de l'apocalypse

188

Le 30 juin 1908 à 11 h 30, une effroyable explosion ravage la Tunguska, lointaine vallée inhabitée du fleuve Ienisseï, en Sibérie occidentale. Le souffle rase d'un seul coup la forêt à trente kilomètres à la ronde, décime des centaines de rennes, se propage, atteint les villages, brise des vitres, ébranle des immeubles. Il n'y a aucune victime humaine, mais le son de l'explosion est entendu jusqu'à Moscou. Enregistrée par les sismographes, l'énergie libérée équivaut à 15 millions de tonnes de TNT. C'est mille fois la bombe atomique qui explosera 37 ans plus tard à Hiroshima. Au-dessus de la Tunguska, une météorite pierreuse de cinquante mètres de diamètre a percé l'atmosphère à la vitesse de 80 000 km/h, s'est désintégrée à 8 000 mètres d'altitude et a créé cette onde de choc qui a détruit la taïga.

189

Le site de la Tunguska n'est exploré par les savants soviétiques qu'en 1927. Les arbres sont encore brûlés, couchés radialement autour du centre de l'explosion. Aucun gros cratère ne marque un point d'impact. Les scientifiques interprètent mal les données qu'ils recueillent : les dépressions qu'ils prennent pour de petits cratères sont en réalité les manifestations normales du permigel, un terrain caractéristique des régions polaires dont la surface est grêlée de trous par les écoulements d'eau souterrains. En fait, aucune météorite ne sera jamais découverte sur le site. Mais des particules microscopiques, contenant une forte concentration d'iridium, seront collectées par une nouvelle expédition soviétique. L'iridium, métal rare dans la croûte terrestre, est un constituant ordinaire des météorites.

190

Le 9 décembre 1997, une météoride de grande taille a explosé sur la côte est du Groenland, à proximité du village de Narsaq, engendrant un panache opaque de fumées et de vapeur de plus de 150 km de diamètre, photographié par le satellite d'observation terrestre NOAA 14.

La chute a été observée depuis de nombreux endroits situés à plusieurs milliers de kilomètres, en Amérique du Nord. Elle a été décrite par plusieurs témoins sous la forme d'une brillante boule rouge-orange traînant une longue queue de débris.

Il pourrait s'agir d'un fragment de comète associé aux Géminides, l'essaim de météorites traversé par l'orbite terrestre en cette saison et particulièrement actif cette année-là.

En admettant une vitesse de rentrée dans l'atmosphère de 70 km par seconde, la masse minimale indispensable de la météorite devait être d'environ 4 millions de tonnes. Il s'agirait de l'explosion cosmique la plus importante du XXe siècle, après celle de la Tunguska en 1908. En raison du relief très hétérogène de la région de chute, comprenant glaciers, crevasses et montagnes, aucun cratère ni aucun fragment de la météorite n'a pu être identifié de façon certaine. Le bolide s'est peut-être désintégré en vol, ce que justifierait sa nature pierreuse, sinon cométaire.

191

Ces événements historiques récents nous montrent l'un des aspects les plus surprenants des météorites : les plus grosses d'entre elles sont totalement introuvables. Volatilisées ! C'est la raison pour laquelle il a fallu, et il faut encore, si longtemps pour établir l'origine extraterrestre d'un cratère. L'agent responsable de l'impact manque à l'appel.

Comment les plus grosses pierres peuvent-elles ainsi disparaître en fumée alors que de plus petites arrivent intactes au sol ? C'est que le destin d'une météoride résulte de la combinaison de plusieurs éléments : sa vitesse, sa masse, sa composition. Les micrométéorites, de taille microscopique, ne subissent pas de grosses frictions et se déposent gentiment au sol. Les météorides de quelques millimètres de diamètre entrent en combustion et brûlent intégralement avant d'avoir atteint le sol, ce sont les étoiles filantes. Les météorides de taille moyenne brûlent en surface seulement. Certaines arrivent au sol entières – à vitesse assez faible car elles sont freinées fortement par l'atmosphère, vu leur faible masse. La plupart explosent avant d'arriver au sol, car leur structure interne ne résiste pas aux fortes sollicitations imposées par la chute (notamment les écarts de température énormes entre surface et intérieur). Lors de cette explosion, la plus grande part de l'énergie cinétique du bolide est libérée dans l'atmosphère, en onde de choc et en chaleur, et les fragments continuent leur course à allure beaucoup plus modérée, percutant le sol sans violence excessive. Assez pour trouer un toit ou une voiture, mais pas pour créer un cratère ni fondre des roches.

Pour les très grosses météorites, il en va tout autrement. Un bolide de belle masse se moque éperdument de l'atmosphère. Il n'est chatouillé qu'aux entournures et ralentit à peine. En revanche, il s'échauffe très fortement en surface et peut, dans le cas de météorites pierreuses assez friables, se désintégrer entièrement avant d'atteindre le sol. C'est ce qui est arrivé en 1908 en Sibérie. Les météorites ferreuses, beaucoup plus compactes, résistent à l'échauffement et parviennent intactes au sol. La violence de l'impact est alors colossale et entraîne deux types d'effets : 1) pour le sol : formation d'un cratère et transformation des roches par compression et/ou fusion brutales ; 2) pour la météorite : vaporisation pure et simple.

Une façon simple de visualiser ces différents scénarios consiste à se représenter l'atmosphère comme un fin tamis qui protégerait la Terre. Les poussières tombent très lentement à travers les mailles. Les petits grains sont arrêtés en route. Les cailloux sont ralentis et/ou fragmentés jusqu'à arriver en pluie pas trop meurtrière. Seuls les véritables monstres – éminemment rares heureusement – trouent le filet et percutent la Terre de plein fouet ou explosent à proximité du sol, à des vitesses de plusieurs dizaines de kilomètres par seconde. L'énergie libérée par le choc est alors celle de plusieurs bombes atomiques.

192

Grosso modo, on peut dire qu'un objet de plus de cent mètres de diamètre sera pulvérisé complètement. Au-dessous de cette taille, on peut encore retrouver des fragments aux abords du cratère.

193

Au total, sur quatre catégories de chutes, nous n'en récoltons que deux : les très petites et les moyennes. Les petites et les très grosses nous échappent en se volatilisant soit dans l'air, soit au sol.

194

Si les savants du XIXe siècle ont du mal à accepter l'origine extraterrestre des météorites, ils sont encore bien plus réticents à reconnaître les cicatrices géologiques que les gros projectiles cosmiques peuvent laisser en s'écrasant sur Terre. La réalité des cratères d'impact météoritiques est mise en doute.

Une querelle particulièrement chaude éclate en 1891, quand le minéralogiste américain Albert Foote se rend en Arizona pour vérifier la présence d'un vaste filon de minerai de fer prétendument découvert au voisinage d'un cratère situé près de Winslow. La dépression mesure 1 200 mètres de large et 180 mètres de profondeur. Foote examine les morceaux de fer jonchant les abords désertiques du cratère, et conclut qu'il doit s'agir de fragments d'une météorite. Sa motivation est à la fois scientifique et commerciale : après avoir publié ses découvertes dans une revue spécialisée, il part vendre des spécimens de par le monde. Parmi ses clients figure le professeur Hubert Newton, l'homme qui le premier a fait le lien entre les comètes et les pluies d'étoiles filantes, en 1863. Ce dernier offre 1 250 dollars pour un souvenir de fer de 380 kg – une somme faramineuse pour l'époque.

Les travaux de Foote attirent l'attention de Grove Gilbert, directeur de l'US Geological Survey. Il dépêche une mission d'exploration plus rigoureuse, qui parvient aux mêmes conclusions que Foote quant à la nature météoritique du fer ; elle rapporte également la trouvaille de débris ferreux éparpillés jusqu'à quinze kilomètres du trou, ce qui témoigne de la violence du choc. Le sceptique Gilbert veut néanmoins des preuves plus concluantes. Si une météorite de fer a percuté la Terre, elle doit se trouver enfouie quelque part dans le sol et sa présence magnétique doit pouvoir être détectée à la boussole. En 1892, il part en personne explorer le cratère en compagnie d'une équipe de sondeurs. Mais aucun des instruments ne détecte les influences magnétiques escomptées. Gilbert opte alors pour une explication très terre à terre : selon lui, la cavité a été creusée par une explosion de vapeur souterraine, c'est-à-dire par une forme de volcanisme.

195

Le géologue Daniel Barringer, propriétaire d'une mine d'argent des environs, entend parler du cratère et devient l'opposant le plus virulent à la théorie de Gilbert. Aucun produit d'activité volcanique, comme le soufre, la lave ou les fissures radiales, n'est présent dans la région. Il semble donc aberrant, déclare Barringer, qu'un géologue expérimenté comme Gilbert ait pu parvenir à pareille conclusion. Convaincu que le cratère recèle une météorite riche en métaux, Barringer acquiert les droits miniers de la zone et en fait creuser le sol par sa propre firme, la *Standard Iron Company*. Dès 1904, la compagnie effectue des sondages en cinq points différents, mais aucune masse importante de fer n'est révélée. Les forages découvrent cependant des traces de diamant, de platine et d'iridium – des composants typiques des météorites –, ainsi que des dépôts de poudre de silice, que Barringer attribue à la désintégration du grès sous la force d'un impact très puissant.

En 1908, le géologue George Merrill, de la Smithsonian Institution, avance un argument décisif en faveur de la théorie de l'impact, expliquant du même coup pourquoi Barringer n'a pu localiser l'objet responsable du cratère : selon lui, la météorite de l'Arizona s'est brisée à l'impact en éjectant les fragments de fer découverts autour du cratère, et la chaleur intense dégagée par la collision a vaporisé le reste de l'objet. C'est la première fois qu'on imagine une telle disparition.

Comme Barringer, Merrill est frappé par l'extrême finesse de la poudre de silice ; cette farine de roche n'est autre que du grès pulvérisé par un choc incroyablement puissant.

Cependant, Barringer rejette la théorie de Merrill qui, si elle est juste, rend vaine sa quête d'une météorite enfouie. En 1918, le forage d'un trou de 35 m de profondeur met au jour, sous le plancher du cratère, une couche de débris riche en nickel, épaisse de 75 cm. C'est là, enfin, pense Barringer plein d'espoir, que se trouve la mystérieuse masse de fer si longtemps convoitée. Revigoré, il finance toute une série de recherches minéralogiques dans le cratère. Mais à sa mort, en 1929, Barringer aura englouti 120 000 dollars de sa poche dans des forages sans jamais avoir ouvert le moindre filon.

196

Après l'échec de Barringer, la plupart des scientifiques se rallient à la thèse météoritique de Merrill, et le site est rebaptisé Meteor Crater. De nouvelles preuves s'accumulent dans les années 1960 : on découvre dans le grès local de la cœsite et de la stishovite, deux minéraux produits par le passage d'une onde de compression, comme celle engendrée par l'impact violent d'une météorite sur des roches contenant du quartz. De plus, les fouilles révèlent sous le sol du cratère une masse énorme de brèches, ces roches brisées résultant de la destruction instantanée de la couche de fond. Mêlés aux brèches, des millions de minuscules sphérules métalliques, résidus fondus de la vaporisation d'une météorite, accréditent encore le scénario.

La théorie aujourd'hui admise est qu'une météorite ferreuse d'environ 40 mètres de diamètre et pesant 300 000 tonnes a éventré le Meteor Crater voici 50 000 ans.

197

Bienvenue au Meteor Crater

« Vous êtes dans l'un des sites les plus extraordinaires au monde.

« De l'endroit où vous vous tenez, le fond du cratère plonge à 200 m de profondeur, l'équivalent d'un immeuble de 60 étages. Pour vous donner une meilleure idée de la taille du cratère, il faut imaginer 20 matches de football se déroulant simultanément sur le plancher, et plus de deux millions de spectateurs répartis sur les pentes.

« En 1903, Barringer arriva ici et passa 26 ans de sa vie à essayer de trouver ce qu'il pensait être une météorite géante. Comme le cratère est circulaire, il était normal de supposer que le corps qui l'avait formé se trouvait enterré au centre. Après cette première exploration, Barringer fit quelques expériences simples et découvrit qu'une balle de fusil tirée sur un sol de terre compacte produit un trou circulaire quel que soit l'angle d'arrivée. C'était un indice important. La météorite pouvait être arrivée en oblique et se trouver décentrée. Si vous regardez le cratère vers le sud, vous verrez que le bord en est plus élevé qu'ailleurs. Cette observation, couplée au fait que la plupart des petits fragments avaient été trouvés du côté nord, conduisit Barringer à penser que la masse était venue par le nord et se trouvait enterrée sous le bord sud du cratère. On commença à creuser de ce côté mais, arrivée à 400 m l'excavatrice s'enraya, les câbles se cassèrent, et l'exploration dut s'arrêter, faute de fonds. »

Extrait de la brochure d'accueil.

198

Farceuse nature

L'espèce humaine n'est vraiment jamais contente. Pour les petites météorites, elle les avait bien en main, noires, dures et évidentes, mais comme il lui semblait par trop absurde qu'elles pussent tomber du ciel, elle s'est demandé pendant des siècles d'où pouvaient bien provenir ces satanés cailloux.

Pour les grosses météorites, elle tenait des cratères, vastes, profonds et indubitables, mais sans la moindre trace de corps incident, et la voilà à se lamenter, cherchant partout où peuvent bien s'être camouflés ces satanés cailloux.

À peine tombe-t-on d'accord sur l'origine cosmique, il faut se mettre à expliquer pourquoi il *manque* des météorites.

199

Blessure d'étoile

Avec un réservoir de plus d'un million d'astéroïdes gravitant entre Mars et Jupiter, des corps entrent assez souvent en collision avec les planètes du Système solaire. Les traces d'impact sont inscrites sur les faces cratérisées de Mars, de la Lune et de Mercure, qui portent des cicatrices d'âges divers, les plus anciennes remontant à quatre milliards d'années, à une époque où les astéroïdes arpentaient l'espace interplanétaire en beaucoup plus grand nombre qu'aujourd'hui. La Terre elle-même porte des marques indélébiles de catastrophes passées, tel le Meteor Crater. On les appelle *astroblèmes* (du grec *blêma*, « blessure »).

200

La Terre est une planète vivante, constamment refaçonnée par des phénomènes naturels : érosion, volcanisme, tectonique des plaques. La plupart des astroblèmes ont été effacés par ces processus géologiques. Mais certains d'entre eux ont été conservés. Les géologues en ont identifié environ 150, répartis tout autour du globe ; quelques-uns mesurent à peine 10 m de diamètre, d'autres dépassent 200 km. Presque tous les cratères connus ont été identifiés après 1930. Plusieurs sont encore découverts chaque année.

201

Carte des astroblèmes

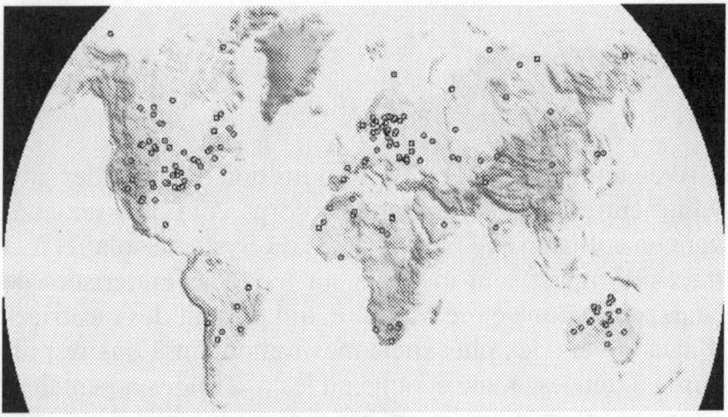

202

L'exploration du Système solaire a montré que presque toutes les surfaces planétaires sont cratérisées par l'impact de corps interplanétaires.

La surface de la Lune est criblée d'astroblèmes engendrés par un bombardement au moins cent fois plus concentré que le flux d'impacts actuel, déluge de feu et de roches qui s'est poursuivi tout au long d'une période comprise entre 4,6 et 3,9 milliards d'années dans le passé. La Terre, en tant que composante du Système solaire, a subi le même bombardement que les autres corps planétaires (même si cela ne se voit plus). Les impacts de corps extraterrestres géants ont apporté une composante déterminante dans le modelage de la jeune Terre.

203

Dans la nuit des temps, lorsque le Système solaire était encore naissant, une rencontre apocalyptique entre la Terre et un autre corps céleste, probablement une planète en formation de la taille de Mars qui vagabondait, aurait donné naissance à la Lune. Selon les modélisations les plus récentes, l'impact aurait projeté en orbite terrestre les matériaux vaporisés issus du corps incident et de la Terre, qui se seraient ensuite condensés et agglomérés pour former notre gros satellite. C'est actuellement la meilleure théorie pour expliquer les caractéristiques géologiques et orbitales de l'astre des nuits.

204

La chaleur engendrée par les premiers impacts sur la jeune Terre a peut-être provoqué le dégazage de la croûte terrestre, contribuant ainsi à la formation de l'atmosphère et des premiers océans liquides.

Le bombardement initial aurait en outre empêché le développement et l'évolution d'une vie primitive, les plus gros impacts étant capables de stériliser la surface du globe. La vie n'a pu démarrer qu'à l'apaisement de ce mitraillage cosmique, il y a 3,8 milliards d'années. C'est justement l'âge des plus anciens fossiles terrestres.

205

La morphologie des astroblèmes varie selon leur diamètre. La relation entre taille et forme est bien illustrée par les cratères lunaires et mercuriens, qui n'ont pas été érodés comme les cratères terrestres. Seuls les plus petits ont la forme d'un bol. À mesure que le diamètre s'accroît, l'affaissement des parois intérieures et le rebond du fond du cratère engendrent des pics centraux et un terrassement des rebords de plus en plus large. Pour les astroblèmes de plus grand diamètre, le pic central unique est remplacé par un ou plusieurs anneaux de pics, formant des bassins d'impact.

On observe cette même progression de la morphologie des cratères sur Terre, bien que ces derniers soient moins bien préservés et donc plus difficiles à classifier. Ils sont de deux types. 1) Les petits cratères, dits simples, dont le diamètre est inférieur à 15 km et la profondeur égale au dixième du diamètre, ont la forme d'un bol partiellement rempli de brèches, bordé d'une couronne de débris formés de roches soulevées et retournées. La cavité est due au choc, car toute l'énergie cinétique du bolide se concentre sur la zone d'impact. 2) Au-dessus de cette taille, les bassins d'impact sont complexes, présentant une dépression annulaire et un rebord affaissé, ainsi qu'un soulèvement central distinct qui prend la forme d'un pic, voire d'un anneau de pics. Quelle que soit la taille de ce type de cratère, sa profondeur n'excède pas 2 km. Cette morphologie particulière est due à des phénomènes de rebond, c'est-à-dire qu'une partie de l'énergie est utilisée en rebond et redresse les couches centrales. L'intérieur du bassin est rempli de brèches et de roches fondues par l'impact, appelées impactites.

206

Les miettes de météorite ne se trouvent que dans les plus petits cratères, et sont rapidement absorbées, emportées ou recouvertes par l'environnement terrestre. Dans les impacts formant des cratères de plus d'un kilomètre, les pressions et les températures engendrées par le choc sont suffisantes pour fondre complètement, voire vaporiser le corps incident et certaines des roches percutées. Par exemple, la pression maximale engendrée par l'impact d'une météorite pierreuse sur un granit terrestre à la vitesse de 25 km/s (vitesse d'impact typique pour un astéroïde) vaut 9 millions de fois la pression atmosphérique. Sous ces pressions extrêmes, des déformations typiques des roches et des minéraux, appelées « métamorphismes de choc », signalent de façon indiscutable l'origine météoritique du cratère. Elles se manifestent en particulier par des *quartz choqués* et des minéraux vitrifiés et fondus par l'intense chaleur de l'impact, appelés *tectites*. La formation de quartz choqués s'explique par les effets mécaniques d'un impact à très grande vitesse sur une roche contenant des cristaux de quartz.

207

Les impactites de type « quartz choqué » sont formées dans le sol qui subit le choc et témoignent d'une très forte compression. Les tectites, elles, se forment sur le pourtour immédiat de l'impact et sont éjectées à grande vitesse dans l'atmosphère pour retomber jusqu'à plusieurs centaines de kilomètres. Elles sont composées de matériaux terrestres fondus qui refroidissent et se figent durant leur trajet aérien. Elles prennent toutes sortes de formes régulières, disques, roues, larmes, comme de petits objets de verre fondu dont le sculpteur serait l'air.

208

Il est convenu de faire commencer l'Histoire humaine à l'invention de l'écriture, il y a un peu plus de 5 000 ans. Or, un certain nombre d'astroblèmes ont été créés après ce tournant.

Le plus frais est le cratère de Sobolev, en Russie, 50 m de diamètre, creusé dans le plus pur anonymat il y a moins de mille ans, peut-être aussi récemment qu'au XVIIIe siècle.

Le cratère de Haviland, au Texas (États-Unis), découvert en 1925, fait 110 m et a moins de 1 000 ans.

L'astroblème d'Ilemetsy, en Estonie, mesure 80 m et remonte à plus de 2 000 ans.

Toujours en Estonie, l'astroblème de Kaalijärvi, découvert en 1928, comporte 8 cratères de 110 m datant de 4 000 ans.

Campo de Cielo, découvert en 1933 en Argentine, comporte une vingtaine de cratères allant de 20 à 115 m de diamètre, et datant de moins de 4 000 ans.

Henrury, découvert en 1931 en Australie, comprend une quinzaine de cratères allant de 6 m à 157 m de diamètre, datant de 4 000 ans.

Enfin, le cratère de Wabar, en Arabie Saoudite, découvert en 1932, est composé de deux cavités de 90 m remontant à 6 000 ans. La Pierre noire adorée par les musulmans à la Kaaba (La Mecque) pourrait bien être une impactite provenant de ce site, comme je l'ai déjà dit.

Voilà au moins sept impacts qui datent de mémoire humaine, et qui peuvent avoir alimenté nombre de légendes sur quelque événement originel catastrophique ou continent englouti.

Mais il ne s'agit là que d'impacts relativement modestes.

209

En se fondant sur le nombre de cratères observés sur la Lune, les astronomes estiment qu'une soixantaine d'astéroïdes géants ont heurté la Terre au cours des 600 derniers millions d'années. Chacune de ces collisions a laissé une blessure d'au moins 100 km de diamètre et libéré autant d'énergie que l'explosion de dix millions de mégatonnes de TNT. À titre de comparaison, la puissance explosive de tous les arsenaux nucléaires de la planète n'est actuellement « que » de 8 000 mégatonnes (quand même 500 000 fois Hiroshima).

210

La mise en évidence des plus grands astroblèmes terrestres nécessite une imagerie et des observations par satellite, afin d'obtenir une vue d'ensemble de leur structure et de leur environnement global. Leur diamètre est difficile à mesurer.

Pour les cratères avérés, l'astroblème de Vredefort, en Afrique du Sud, dont le diamètre est estimé entre 140 et 300 km, et la date de formation comprise entre 1,970 et 2,040 milliards d'années, dispute la première place à celui de Sudbury, au Canada, d'un diamètre compris entre 200 et 250 km, âgé de 1,850 milliard d'années.

Vient ensuite le cratère de Bedout, au nord-ouest de l'Australie, 200 km de diamètre, remontant à 250 millions d'années.

Le cratère de Chicxulub, au Mexique, de 180 km de diamètre, est daté très précisément à 65 millions d'années.

Les cratères d'Alamo, au sud-ouest du Nevada, 150 km, et de Woodleigh, en Australie occidentale, 120 km, datent tous deux d'il y a 365 millions d'années.

L'astroblème d'Acraman, en Australie du Sud, vieux

d'environ 600 millions d'années, a un diamètre compris entre 90 et 160 km.

Celui de Manicouagan, au Canada (Québec), mesure 100 km et remonte à 215 millions d'années, tandis que celui de Popigai, en Russie, de taille comparable, remonterait à seulement 35 millions d'années.

Parmi les cratères à l'authenticité douteuse, les plus vastes seraient celui ayant creusé la baie d'Hudson, au Canada, de 440 km de diamètre, et celui correspondant à la Terre Victoria, en Antarctique, qui ferait 240 km de diamètre. Mais ces deux géants sont si incertains que l'on ne peut leur attribuer un âge. Le cas controversé le plus fascinant est en France : il s'agit des astroblèmes de Rochechouart et de Bizeneuille. L'existence du premier ne fait aucun doute ; datant de 215 millions d'années, son diamètre a initialement été estimé à 20 kilomètres seulement. Mais l'imagerie par satellite suggère une gigantesque structure d'impact de 200 km de diamètre, jouxtée d'une structure jumelle encore plus grande de 300 km, centrée dans la région de Bizeneuille. S'il s'agissait d'authentiques impacts, les deux plus grandes météorites jamais tombées sur Terre au cours du dernier milliard d'années se seraient écrasées en France, dans le Limousin…

211

Le cratère de Sudbury, situé dans l'Ontario, au Canada, est vieux de 1,85 milliard d'années. Ses parois sont constituées de brèches, amalgame de roches fracassées. Sudbury a été l'objet d'une polémique scientifique animée. Il a fallu la découverte de quartz choqués pour que les géologues admettent son origine météoritique. Autre indice probant, la brèche de Sudbury est riche en carbone, en particulier en fullerènes, grosses molécules constituées de 60 à 200 atomes de carbone arrangés en forme de cage.

Or, ces pièges contiennent de l'hélium en proportion isotopique semblable à celle des météorites.

212

Une échelle permettant d'estimer les risques de collision entre la Terre et un astéroïde, ainsi que les dégâts collatéraux, a été mise au point. Baptisée échelle de Turin, nom de la ville italienne où l'Union astronomique internationale a adopté cette norme, elle est l'équivalent de la célèbre échelle de Richter, qui mesure l'énergie libérée par un tremblement de terre. L'échelle de Turin s'échelonne de 0 à 10, 0 étant la graduation correspondant au danger nul, 10 celle correspondant aux risques d'une catastrophe planétaire. Tout impact avec un corps de taille inférieure à 30 m est classé 0 sur l'échelle de Turin, car la Terre n'encourt aucun danger. Tout impact avec un corps de taille supérieure à dix kilomètres est classé 10 sur l'échelle de Turin.

Outre la taille de la météoride, l'échelle tient compte d'autres facteurs, comme la vitesse d'impact et la probabilité de collision avec la Terre. Elle permet ainsi d'estimer si l'approche d'un astéroïde dangereux ou d'une comète mérite d'être communiquée, et d'informer le public du danger réel.

213

La fin des dinosaures

En 1978, le physicien Luis Alvarez et son fils Walter, géologue, en compagnie de leurs collègues de l'université de Californie, trouvent des concentrations anormalement élevées d'iridium dans une mince couche d'argile souterraine située près de Gubbio, en Italie. L'iridium, métal de même type que le platine présent aussi bien dans le Meteor

Crater que dans le site de la Tunguska, est rare dans la croûte terrestre, mais dix mille fois plus abondant dans les astéroïdes et les météorites.

Pour l'équipe d'Alvarez, l'enrichissement du sol de Gubbio suggère un impact de météorite. Plus significatif encore, la couche d'argile enrichie en iridium date de 65 millions d'années, et correspond à la frontière paléontologique entre le Crétacé, qui a vu les derniers instants des dinosaures, et l'ère Tertiaire, qui a inauguré l'ère des mammifères. Les chercheurs font donc l'hypothèse qu'une météorite est responsable du dépôt d'iridium et a, du même coup, exterminé les dinosaures.

Pour conforter cette idée, Luis et Walter Alvarez recherchent des indices supplémentaires d'une catastrophe planétaire datant de la limite Crétacé-Tertiaire (en abrégé, limite C-T). Après avoir expertisé la couche C-T sur cinquante sites répartis autour du globe, les Alvarez annoncent que l'iridium est effectivement surabondant partout où l'argile peut être échantillonnée. Ils calculent également que la quantité totale d'iridium présente dans la couche C-T, en supposant qu'elle s'est uniformément déposée sur la planète, est égale à la quantité contenue dans une météorite de dix kilomètres de diamètre.

L'impact d'un corps de cette taille aurait creusé un cratère de 150 km de large, et projeté dans l'atmosphère cent mille milliards de tonnes de poussière. Les débris en suspension dans l'air auraient masqué la lumière du Soleil pendant plusieurs mois, plongeant la planète dans un « hiver astéroïdal » sombre et glacial. Toutes les formes de vie alimentées par la photosynthèse auraient succombé, ainsi que pour finir les ordres supérieurs qui s'en nourrissaient – notamment les dinosaures.

Enfin, la poussière soulevée par l'impact aurait formé le dépôt d'argile au fond des mers et créé la fine couche C-T observée à Gubbio et ailleurs.

214

J'ai souligné, un peu plus haut, que les météorides les plus massives sont impossibles à retrouver : l'énergie libérée lors de leur impact au sol est suffisante pour les pulvériser entièrement. Ce qui ne veut pas dire qu'elles disparaissent purement et simplement. Bien au contraire, c'est le moyen pour elles de se déposer absolument partout. Volatilisées, elles forment un nuage de poussière qui s'étend sur la planète entière et l'enrobe. Ainsi, la Terre s'est revêtue d'autant de couches supplémentaires – fines nuisettes de molécules cosmiques – qu'il y eut d'astéroïdes géants pour la choquer dans son parcours.

215

Face aux micros

L'ANIMATEUR. – Je profite que l'on ait à la fois sur le plateau un paléontologue et un astrophysicien pour aborder le sujet de la disparition des dinosaures. Certaines théories disent que c'est l'écrasement d'une comète qui a causé leur disparition brutale, d'autres théories disent que les dinosaures auraient disparu simplement au fil des années.

YVES COPPENS. – Je vais vous dire : le paléontologue que je suis est gêné par une explication particulière donnée pour des êtres particuliers. Le fait que les dinosaures soient énormes, et du même coup très populaires, est fort gênant. Leur disparition est précédée par celle de quantité d'autres espèces. Le phénomène des extinctions de masse existe bel et bien. La vie n'est pas un grand bouquet qui se développe de manière continue ; c'est quelque chose qui se développe au sein de toutes les vicissitudes du temps et de la planète. Or, il y a eu d'autres disparitions aussi dramatiques, et parfois même plus importantes que celle qui a concerné la limite du Crétacé et du Tertiaire. Et on ne peut pas imaginer que la pauvre Terre prenne à chaque fois un coup sur le nez ! Je ne suis donc pas convaincu du tout par cette explication. Il se peut qu'une fois par hasard cet impact ait eu lieu, mais c'est drôle que ce soit au moment des dinosaures. Il aurait alors entraîné des nuages de poussières qui auraient pu voiler le soleil et donc gêner la vie, ce qui expliquerait la disparition de l'espèce au fil de quelques millions d'années. Cela ne me semble pas très vraisemblable. Les autres disparitions sont très explicables par les changements de position de la Terre sur son orbite. La Terre a une orbite qui n'est pas régulière, ce qui se traduit par quantité de régressions et de transgressions marines successives. Parfois l'eau se répand, parfois elle se rétracte, et c'est ce phénomène qui permet de reconnaître les différents étages géologiques. Les mouvements des eaux entraînent des conditions climatiques particulières. Or, à la fin du Crétacé, il y a eu un retrait considérable des eaux de mer qui a entraîné un agrandissement des territoires continentaux, et donc une baisse de la température. Cela a pu être fatal aux dinosaures, qui étaient des reptiles ovipares. Les ammonites qui vivaient sur les plateaux continentaux ont également disparu à cette époque. J'aurais donc plus tendance à expliquer la disparition des dinosaures de la même façon naturelle que celle d'autres formes de vie préalables, plutôt que par un incident extraordinaire et un peu extravagant.

L'ANIMATEUR. – Peut-être que vous, monsieur Luminet, vous pourriez nous dire si la chute d'une météorite a bien pu avoir lieu ?

JEAN-PIERRE LUMINET. – Je peux tout au moins donner les raisons pour lesquelles certains astrophysiciens ont invoqué l'hypothèse de l'impact météoritique, sans prétendre expliquer l'ensemble des extinctions d'espèces que la planète a connues dans son histoire. La première constatation est extrêmement simple : la Terre, au cours de son évolution, a été effectivement bombardée par des météores petits et gros. Il suffit de regarder la cratérisation importante de la Lune pour s'apercevoir que, dans ce même voisinage du Système solaire, il existe un certain flux de chutes météoritiques. La Terre a elle-même été bombardée, et continue à l'être. Certes, elle est protégée en partie par son atmosphère, de sorte que l'on ne retrouve pas à sa surface des cicatrices d'impacts aussi importantes que celles que l'on voit sur d'autres corps du Système solaire non protégés, comme Mercure ou la Lune. La deuxième constatation incontournable est l'analyse de la composition chimique d'argiles datant de la transition Crétacé-Tertiaire, il y a 65 millions d'années. Celle-ci a révélé, par rapport à la composition moyenne de la croûte terrestre, une abondance anormale de certains éléments chimiques appelés « Terres Rares », dont l'iridium fait partie. Or nombre de météorites, ces pierres qui tombent du ciel après avoir vagabondé dans le Système solaire, et qui ont conservé à peu près la composition chimique du système primitif, ont une teneur en iridium élevée, du même ordre de grandeur que ce que l'on trouve dans les argiles de la transition Crétacé-Tertiaire. C'est le physicien américain Alvarez qui, avec un certain sens du spectacle, a le premier émis l'hypothèse qu'une grosse météorite a pu être responsable d'une extinction massive. Vous savez, quand on a une bonne idée comme celle-là, on essaie de la développer pour expliquer le maximum de choses, avec parfois quelques excès. Au début de ma carrière, par exemple, j'ai commencé à travailler sur les trous noirs. À l'époque, ils faisaient figure d'objets étranges, pour ne pas dire fantaisistes. Et puis on s'est aperçu qu'ils pouvaient expliquer certains phénomènes mystérieux de l'univers. Du coup, quelques astrophysiciens ne se sont pas privés de « mettre » des trous noirs un peu partout pour expliquer tout ce qui restait mystérieux, y compris la catastrophe qui s'est passée en 1908 en Sibérie ! Un zèle analogue s'est peut-être emparé des astronomes avec les impacts d'astéroïdes, lorsqu'ils ont voulu expliquer, à la suite d'Alvarez, *toutes* les extinctions de masse de la planète. Une autre catégorie de scientifiques très sérieux, les vulcanologues, proposent une explication différente. Au fond c'est normal, chacun prêche pour sa paroisse : les astrophysiciens invoquent des chutes de corps célestes et les vulcanologues un regain extraordinaire de l'activité volcanique. On sait que la Terre a une activité géologique fortement changeante sur le long terme. L'idée des géophysiciens est qu'à l'époque où la Terre primitive était encore fondue, l'iridium a coulé au fond, parce que c'est un élément lourd. Le centre de la Terre est justement constitué d'éléments plus massifs qu'en surface, essentiellement du fer et du nickel. Or, à l'occasion d'une activité volcanique importante, expulsant du magma profond, l'iridium a pu être ramené en surface. Vous voyez donc que, si l'on s'en tient à l'iridium, il existe plusieurs modèles plausibles pour expliquer les disparitions massives d'espèces. D'ailleurs, elles ne sont pas exclusives l'une de l'autre. Je donne ma préférence à un enchaînement de catastrophes : un choc astéroïdal violent survenu il y a 65 millions d'années aurait déclenché des séismes et une activité volcanique accrue.

Extrait d'une conférence publique
donnée à Supelec le 15 février 1995

216

Comme c'est presque toujours le cas en science, cette idée originale n'a pas été acceptée d'emblée. Luis Alvarez avait la réputation d'être un excentrique. Il est vrai que ce fils de médecin, né en 1911 à San Francisco, ne manquait pas d'imagination. Outre ses travaux en physique atomique, on lui devait d'innombrables découvertes pratiques, comme la balise à micro-ondes et l'antenne radar linéaire. Pendant la Seconde Guerre mondiale, Alvarez, comme beaucoup d'autres scientifiques, avait été impliqué dans la recherche militaire. Il avait participé au développement de la bombe atomique. Après la guerre, Alvarez avait collaboré à la construction du premier accélérateur linéaire et de la chambre à bulles pour l'observation de particules élémentaires. On lui devait aussi le développement d'un système de télévision en couleurs, et il avait mis au point une méthode de sondage des pyramides d'Égypte par rayons X, dans l'espoir de prouver qu'elles ne contenaient pas de chambre secrète ! Mais par ailleurs, en 1968, Alvarez avait reçu le prix Nobel de physique pour ses travaux en physique des particules. À vrai dire, si Alvarez n'avait pas été prix Nobel, peu de scientifiques auraient pris son idée d'impact météoritique au sérieux. Et il a fallu bien d'autres découvertes pour que son hypothèse soit enfin acceptée.

217

La théorie d'Alvarez a déclenché une véritable onde de choc chez les paléontologues et les géophysiciens. Ceux-ci pensaient jusqu'alors que la disparition des dinosaures avait été la conséquence d'une augmentation de l'activité volcanique mondiale, sur la foi des gigantesques coulées de lave formant les falaises en escaliers du plateau du Deccan, au sud de l'Inde. Ces « Traps » (*trap* signifie escalier) représentent une épaisseur considérable de laves de près de 2 500 m, s'étendant sur une superficie immense qu'on évalue à plus de 2 millions de km^2.

En outre, les données paléontologiques suggéraient que la disparition des espèces avait été graduelle, tout comme les extrusions de lave. Or, en 1982, deux chercheurs américains montrèrent que la méthode utilisée jusqu'alors par les paléontologues pour dater la fin d'une espèce était faussée parce que certains fossiles avaient été mal inventoriés, ou parce que l'on ne disposait pas de fossiles pour toutes les époques. Le réexamen des données fossiles et les nouveaux résultats qui en découlaient indiquaient que les périodes d'extinction datant de la fin du Permien et de la fin du Crétacé n'avaient duré que quelques milliers d'années, au lieu des millions d'années invoqués précédemment. Elles avaient été rapides, et non pas progressives. Dans ces conditions, les variations climatiques provoquées par un volcanisme intense avaient sans conteste contribué à la disparition de plusieurs espèces, mais à la fin du Crétacé, la vie reprenait déjà le dessus alors que la crise volcanique n'était pas encore achevée. Il fallait donc un événement plus brutal que le volcanisme pour rendre compte des nouvelles données paléontologiques.

218

De fait, à partir de 1980, les indices minéralogiques et géochimiques se sont accumulés pour étayer la théorie de l'impact. Tout comme dans le Meteor Crater, la stishovite, sous-produit inévitable des ondes de compression météoritiques, est retrouvée en 1984 dans des argiles de la couche C-T du continent nord-américain, ainsi que des grains de quartz choqués, considérés par les géologues comme des indicateurs fiables d'une puissante explosion. Dans ces quartz situés sous la couche d'iridium, on a aussi découvert des cristaux de zircon et de minuscules sphères de sanidine, des minéraux forgés à de hautes températures et sous d'énormes pressions, typiques de collisions entre corps célestes.

Directement situés sous les quartz choqués, les sédiments marins contiennent aussi des tectites altérées, produites par la fusion à haute pression des roches cibles lors d'un impact.

En 1984, une équipe française découvre dans les couches C-T des magnétites nickélifères, cristaux microscopiques qui ne peuvent se former qu'en présence d'oxygène et d'une grande quantité de nickel, et qui sont pratiquement absents à la surface de la planète. Ces magnétites nickélifères se constituent lorsqu'une météorite riche en nickel entre en contact avec l'atmosphère oxygénée de la Terre. Ainsi, elles n'existent pas dans les cratères lunaires, puisque notre satellite n'a pas d'atmosphère oxygénée. Mais elles avaient été mises en évidence dans les parties fondues et oxydées de météorites ferreuses, c'est-à-dire dans leur croûte de fusion et dans les gouttelettes dispersées lors de la phase de frottement sur les couches atmosphériques. Encore une fois, la présence de ce minéral associé à l'iridium, distribué uniformément sur toute la planète dans les quelques millimètres de la couche d'argile C-T, signe un phénomène instantané de métamorphisme de matière extraterrestre.

Enfin, des spécialistes de l'étude des catastrophes à grande échelle avaient fait remarquer que dans une collision céleste, la mort des arbres et le dessèchement des forêts auraient fourni un combustible idéal pour de gigantesques incendies. Or en 1985, des chimistes de l'université de Chicago relèvent suffisamment de particules de suie dans la couche limite C-T pour les attribuer à la combustion d'une large fraction de la végétation terrestre existant à la fin du Crétacé.

219

Tout cela était fort bien, mais il manquait toujours le principal vestige : le cratère lui-même. Que la météorite soit réduite en poudre, d'accord, mais un cratère de plus de 150 km, ça ne disparaît pas ainsi, même en 65 millions d'années. En l'absence de ce témoin principal, beaucoup de scientifiques continuaient à snober l'hypothèse catastrophiste.

Comme souvent, la découverte survint par hasard. En 1990, des géophysiciens de la Compagnie pétrolière du

Mexique *PEMEX* cherchaient de nouveaux champs pétrolifères lorsqu'ils remarquèrent la présence d'une immense structure circulaire de 200 km de diamètre, enfouie sous plus de 1 000 mètres de sédiments qui constituent le fond du golfe du Mexique, et seulement identifiable par des anomalies gravitationnelles et magnétiques. L'astroblème sous-marin, qui présente un escarpement de 3 000 m, déborde sur les terres émergées de la péninsule du Yucatan et traverse le village côtier de Chicxulub, dont il a pris le nom. Sa taille correspond bien à un bolide de 10 km de diamètre, et à un impact équivalant à un séisme de magnitude supérieure à 10 sur l'échelle de Richter.

L'âge des roches fondues, prélevées au cours de sondages pétroliers, correspond exactement à celui des tectites dispersées sur des centaines de kilomètres aux alentours : 64,98 millions d'années, ce qui situe l'événement exactement à la fin du Crétacé.

220

Tsunami

Dans le cas d'un impact marin, il faut tenir compte de la formation de raz de marée géants appelés tsunamis. Par exemple, un impact n'importe où dans l'océan Atlantique par un corps de 400 m de diamètre dévasterait les côtes avec des vagues de plus de 60 m de hauteur. Le tsunami de 1960, provoqué par un séisme de magnitude 8,6 au Chili, a été le plus important du XXe siècle. Le météore de Chicxulub a dû engendrer un tsunami considérablement plus puissant, marqué par des murailles liquides de 3 000 m de hauteur ! Or, autour du golfe du Mexique, les dépôts sédimentaires comportent, intercalés entre la couche de tectites et la couche d'iridium, un banc de grès, qui est la signature d'un énorme tsunami ayant ravagé les côtes du Mexique.

221

Tout comme l'extinction des dinosaures, le gigantesque gisement pétrolier sous-marin de Campeche, dans le golfe du Mexique, qui produit 1,3 million de barils par jour, serait lié à l'impact de l'astéroïde de Chicxulub. Une analyse stratigraphique et minéralogique de ce réservoir révèle que l'impact a provoqué un affaissement soudain de roches calcaires alors situées en surface. Les débris éjectés par la chute de la météorite ont ensuite recouvert d'une couche étanche ces roches fortement tassées, créant une véritable citerne, un piège idéal pour les matières organiques qui se sont déposées au cours des millénaires suivants.

222

Le testament du dino

Vous, les humains, vous avez tendance à croire que vous êtes perchés au sommet de l'évolution, et que rien n'aurait permis l'éclosion d'une vie intelligente si l'ascension des mammifères était restée bloquée par le règne de ces imbéciles de dinosaures. Rien n'est moins sûr. Nous étions encore frustes, il est vrai, mais résolument engagés sur la voie du progrès, quand ce rocher fatal nous est tombé sur le crâne. Vous nous traitez avec condescendance parce que vous n'avez trouvé à épousseter que les ossements fossiles du balourd brontosaure, du stégosaure au QI de nabot, ou du tyrannosaure aussi crétin que redoutable. Et c'est assez pour classer toute une ère géologique au rang des voies sans issue. Halte-là, vous n'avez pas tout vu !

Il y a plus d'un dinosaure qui n'est pas malin, je vous l'accorde, surtout chez ces géants dont la stature à elle seule servait de stratégie et de plan de carrière, mais ne jetez pas toute la famille avec l'eau du bain, je veux dire du raz de marée qui nous emporta. Nous avions encore de beaux jours devant nous, et pas nécessairement bornés. Car les développements les plus intéressants qui s'annonçaient dans l'espèce, vous ne les avez pas vus – à peine entrevus. Il faut dire qu'à la foire aux fossiles, ce sont les plus imposants qui vous ont tapé dans l'œil. De là, vous avez conclu que tous nos contemporains jouissaient d'un gabarit de monument égyptien, assorti d'un crâne ridicule.

Mais nous aussi, nous avions un cerveau, ne vous en déplaise. Petit, au début, parce qu'il faut bien parer au plus pressé, mais une fois nos troupes solidement en place, nous étions prêts pour aborder les raffinements. En Chine, nos cousins dromosaures avaient déjà inventé les plumes, ce qui témoigne tout de même d'une clairvoyance remarquable. Bambiraptor, le dernier-né de cette branche, avec ses ailes et ses griffes de chasseur, était un petit bipède rapide qui aurait bien pu jeter les bases d'une civilisation grandiose. L'évolution du rapport entre le poids du cerveau et le poids du corps, dont vous vous targuez d'être les champions, était déjà solidement amorcée chez ces nouveaux conquérants dont vous avez mis tant de temps à exhumer les restes. Évidemment, ils sont petits. Et puis surtout, ils ne correspondent pas à l'idée que vous vous faites du Crétacé.

Toujours est-il que ces précurseurs étaient parfaitement en mesure de rivaliser de ruse avec les premiers mammifères qui n'étaient encore qu'une espèce en voie d'apparition, une tentative de plus, comme il y en avait déjà eu par dizaines. D'emblée, ils nous avaient paru grotesques, ces brouillons de créatures, avec si peu de dispositifs défensifs, et tant de dépenses énergétiques – ces petits corps mous et chauds comme un steak déjà servi sur l'assiette. Sans rire, ils allaient se faire rayer de la carte comme les autres, et sans doute encore plus vite. Ma grand-mère, dans sa dernière période, disait que cette nouveauté était la plus divertissante depuis quelques millions d'années, mais pour le reste ne méritait même pas de figurer dans les annales de la planète. Heureusement, elle s'éteignit avant d'assister à l'affligeant événement qui allait donner l'avantage à ces avortons.

Nous qui l'avons connu, le cataclysme, et qui en sommes morts, nous avons souffert, outre notre agonie personnelle, celle de tout un règne, au moment même où il allait commencer à porter ses fruits. Le pire de tout, c'était la vexation de savoir que notre empire s'écroulait pour une simple erreur de timing. Serions-nous venus quelques dizaines de millions d'années plus tard, nous aurions éludé cette maudite collision, toute dernière manifestation des maladies de jeunesse de notre Système solaire. Quand je pense que, depuis l'apocalypse qui nous fut réservée, vous avez disposé de 65 millions d'années pour vous épanouir en toute quiétude, sans autre ébranlement météoritique qu'une petite chiquenaude par-ci, par-là, c'est à pleurer de rage. Et qu'en avez-vous fait, de cette éternité ? D'abord, vous avez mariné dans les mêmes soucis que nous pendant 64,95 millions d'années : manger, dormir, se reproduire et repousser les voisins. Ce n'est que tout récemment que le grossissement de votre cerveau a provoqué une certaine envolée. Et encore, pas de celles qui réalisent le paradis sur Terre. Tout au plus parvenez-vous à mieux manger et surtout à mieux repousser les voisins. Entre nous, était-ce la peine ? Alors que, sur le chapitre du cerveau, nous nous étions déjà pas mal entraînés, quand vous hésitiez encore entre le stade du rat et celui du surmulot. Nous avions fait du chemin. Encore quelques millions d'années et le feu était à nous. Puis les outils. Où en serions-nous aujourd'hui, pouvez-vous me le dire ? Probablement aux voyages intergalactiques, à l'énergie gratuite, à l'immortalité. Et vous, si nous avions accepté de vous garder, seriez peut-être nos animaux de compagnie. Ah, si ce boulet de canon n'était pas venu rétamer notre avenir ! Mais laissez-moi vous raconter comment les choses se sont passées.

223

10 échelle de Turin

Le bouclier de l'atmosphère terrestre n'est que papier à cigarette devant la course d'un bolide de 10 km et 1 000 milliards de tonnes. Nous avons vu le ciel s'embraser et nous avons su que c'était pour nous le début de la fin. La météorite a plongé vers l'océan en hurlant et en portant l'air autour d'elle à 30 000 degrés. Les molécules d'air, dépouillées de leurs électrons, firent au bolide un halo incandescent. Dans ce brouillard rouge sombre, l'oxygène et l'azote ionisés s'unirent pour former des composés d'oxyde d'azote à l'odeur âcre, qui allaient nous assurer des pluies acides pour longtemps.

À l'instant même où l'objet frappa l'océan, l'air comprimé par sa face avant fut projeté dans toutes les directions, en jets gazeux chauffés à blanc, et l'eau de mer fut portée à trois fois sa densité normale. L'impact éleva instantanément la température de l'eau de mer à 60 000 degrés. En un éclair, des milliards de tonnes d'eau salée entrèrent en ébullition. La surface de l'eau, tendue comme du béton, réverbéra le choc et amorça la rupture de l'astéroïde. De gigantesques jets de vapeur fusèrent vers le ciel tandis que l'objet se mettait à crépiter sous les ondes de choc.

Quand il heurta le fond océanique, 100 millions de mégatonnes d'énergie furent libérés et secouèrent la planète entière. Ceux d'entre nous qui paissaient paisiblement sur la côte (car nous n'étions pas tous carnivores, c'est cousin T-Rex qui nous a fait une horrible réputation) entendirent un coup de tonnerre accompagné d'un éclair de lumière aveuglant. Des ondes de décompression suivirent immédiatement la première onde de choc et, dans une explosion équivalant à 250 000 grandes éruptions volcaniques, des milliers de milliards de tonnes d'un amalgame de sédiments marins, de météorite, d'eau et de débris rocheux vaporisés se ruèrent hors de la cavité qui s'élargit autour du point d'impact. En trois minutes, une boule de feu en expansion emplie de vapeur et de roches fondues rasa les terres émergées jusqu'à une distance de 2 000 km et écorcha le sol jusqu'à la roche de fond. Tous ceux qui étaient aux premières loges n'existaient déjà plus. Ce furent sans doute les plus chanceux, car ils furent pris par surprise. Pour les autres, il ne restait plus qu'à attendre la mort.

Le souffle dévastateur délivré par la météorite déclencha un soulèvement du fond océanique 100 000 fois plus puissant qu'un tremblement de terre de degré 7 sur l'échelle de Richter. Le cataclysme engendra des tsunamis, ondes séismiques océaniques de 5 à 6 km de large et presque aussi hautes que les Montagnes rocheuses. Les colossales murailles liquides se propagèrent vers l'extérieur à la vitesse de 700 km à l'heure. En raison du peu de profondeur des plaines côtières dans ces régions, les vagues déferlèrent sans obstacle au-dessus de l'Amérique centrale, ravageant la Floride et les îles Caraïbes. Un nombre incalculable d'espèces animales furent noyées, et cinq millions de kilomètres carrés de terres furent inondés par des torrents de boue. Ainsi périt la deuxième fournée de victimes.

Le cratère produit par l'impact, initialement de 25 km de profondeur et 300 km de large, se rétrécit à une profondeur de 500 m et une largeur de 100 km lorsque le manteau terrestre sous-jacent rebondit. Tout en haut, les ondes de choc de l'explosion échauffèrent l'air à plus de 1 500 degrés, engendrant de violents ouragans, qui pendant vingt heures dévastèrent la surface de la planète. Nouveau lot de victimes.

À l'endroit de l'impact, les vagues secondaires produites après le choc et l'affaissement des murs de la cavité marine se mirent à pilonner périodiquement le rivage, toutes les sept minutes. Le barattage incessant de l'océan près du site d'impact entraîna les eaux côtières tièdes à de grandes profondeurs, asphyxiant les poissons et privant de lumière les fragiles organismes marins ; les eaux du fond, froides, submergèrent les récifs coralliens et les colonies de plancton.

Tel fut l'effet immédiat de cette catastrophe aux dimensions planétaires. Mais nous n'avions pas tous succombé, loin de là. À l'intérieur des continents, sur les hauteurs, le choc fut ressenti et les orages essuyés, mais nous étions bien vivants. C'était sans compter sur les effets secondaires qui suivirent.

Tels de minuscules missiles balistiques incendiaires, les milliards de tonnes de particules rocheuses pulvérisées et de gouttelettes de vapeur condensée éjectées par l'impact de l'astéroïde se déversèrent dans l'espace environnant, atteignant en quelques secondes les étages stratosphériques. Resplendissant de myriades de ces bulles luisantes, le ciel rayonna assez de chaleur pour porter la température de l'air à 1 000 degrés, jusqu'à 60 km d'altitude. Au sol, les températures grimpèrent à 300 degrés. Durant une heure, la pointe de chaleur incendia les régions déjà asséchées par le souffle d'explosion de la boule de feu. Toutes les créatures incapables de s'abriter de cet enfer furent carbonisées. 90 % des forêts et des prairies de la planète encore indemnes après les dévastations précédentes se mirent à brûler. C'était l'hallali pour les populations épargnées par le premier choc. Il ne restait plus que les zones humides ou les cavernes pour s'abriter. Je voudrais que vous vous représentiez cette scène de la planète entière en train de flamber. Toutes vos catastrophes naturelles depuis le début de l'humanité ne sont que piqûres de moustiques en comparaison de la fureur que nous avons subie. Nul d'entre nous ne put croire, à ce moment, qu'un seul ver de terre survivrait.

Et ce n'était pas tout. Un mélange de suies produites par les incendies et d'un brouillard d'oxyde d'azote produit par les ondes de choc se combina à la poussière et se déploya rapidement en un linceul épais de 30 km. Celui-ci enveloppa la planète entière en moins de vingt-quatre heures. Aucun rayon de soleil ne pouvait plus percer ce bouclier ; la surface de la Terre fut plongée dans des ténèbres trente fois plus épaisses que la plus sombre des nuits sans lune. Cette fois, nous étions prisonniers d'une planète bâillonnée, et promis à l'asphyxie. La photosynthèse s'interrompit pendant six mois, causant la mort du plancton – à l'exception du plancton Arctique, plus résistant – et déclenchant l'effondrement de la chaîne alimentaire marine. Les plantes terrestres subsistantes s'éteignirent à leur tour.

Du miasme enveloppant le globe, une pluie mortelle commença à tomber : la vapeur d'eau du nuage se condensa progressivement et se mélangea aux oxydes d'azote pour former des précipitations aussi corrosives que l'acide. Les averses délétères fanèrent toutes les plantes terrestres survivantes, acidifièrent les lacs, dissolurent les métaux hautement toxiques contenus dans les sols et les roches, les déposant dans les cours d'eau, les étangs et les rivières, où ils contaminèrent et tuèrent la plupart de la vie aquatique. L'afflux d'acide au sein des océans détruisit les organismes carbonés et relâcha dans l'atmosphère des tonnes de dioxyde de carbone.

Malgré l'injection de ce gaz, la Terre se refroidit rapidement sous sa hotte pâteuse. Sa surface, privée des rayons du soleil, perdit ses réserves de chaleur. Moins de dix jours après l'impact, les températures plongèrent en dessous du zéro. Un hiver général s'installa pendant six mois. La neige formée par les pluies acides recouvrit les continents d'une couche de 6 m d'épaisseur faite de suie et de cristaux d'acide nitrique. L'obscurité et la neige empêchèrent la plupart des grands animaux de trouver leur nourriture, et nous mourûmes de faim, nous les derniers représentants des dinosaures. Seuls les mammifères les plus petits purent forer le sol en quête de végétaux en décomposition, et se mettre au chaud en creusant des galeries souterraines. Les poissons et autres organismes des lacs ayant survécu au bain acide se sustentèrent de plantes pourries.

Au bout d'une année, avec le nettoyage et la disparition graduelle de la poussière et de la suie atmosphériques, la lumière du Soleil put de nouveau atteindre la surface de la Terre. Débarrassés de leur linceul de particules, la vapeur d'eau et l'oxyde d'azote restant dans l'atmosphère laissèrent pénétrer les rayons du Soleil tout en piégeant le rayonnement infrarouge émis par la Terre. Les gaz carboniques libérés par les océans contribuèrent à cet effet de serre, emmaillotant la planète d'un cocon humide et vaporeux pendant deux millénaires. La vie refit lentement surface, diverse et abondante, mais nous, dinosaures, étions définitivement balayés. Tout était à recommencer de zéro. Quel gâchis !

224

Tout concorde désormais pour affirmer qu'au moins un événement d'extinction massive, la disparition des dinosaures et de nombreuses autres espèces il y a 65 millions d'années, est lié aux effets globaux engendrés par l'impact d'un gros astéroïde qui s'est fracassé sur Terre.

Mais, en déchiffrant l'histoire de la vie inscrite dans les traces fossiles des 600 derniers millions d'années, les paléontologues ont mis au jour non pas une, mais cinq extinctions de masse au cours desquelles plus de la moitié des espèces végétales et animales ont disparu quasi simultanément. Remontons donc le temps.

1) À la fin du Crétacé (– 65 millions d'années), comme nous venons de voir, c'est la fameuse disparition des dinosaures. En outre, le plancton marin, les rudistes, les ammonites et presque tous les habitants des fonds marins ont été rayés de la surface de la Terre. Ont survécu les petits mammifères, les plantes terrestres, les poissons et certains coraux.

2) À la fin du Trias (– 215 millions d'années), les ammonoïdes et les nautiloïdes sont particulièrement affectés.

3) À la fin du Permien (– 245 millions d'années), c'est la plus grande crise. Plus de la moitié des familles d'organismes marins disparaissent et les vertébrés terrestres sont décimés ; on évalue qu'environ 95 % des espèces ont disparu de la surface du globe.

4) À la fin du Dévonien (– 360 millions d'années), les récifs érigés par les stromatopores et les coraux Rugosa et Tabulata disparaissent, les poissons marins sont affectés, alors que ceux d'eau douce le sont beaucoup moins ; une seule famille de trilobites survit.

5) À la fin de l'Ordovicien (autour de – 440 millions d'années), un tiers de la faune marine s'est éteinte ; les trilobites ont été particulièrement affectés.

225

Monter toujours, sans faire un seul pas inutile,
Jusqu'au plésiosaure engendré du reptile,
Lui donner du lézard le sternum cuirassé,
Dans ses pattes déjà rêver le cétacé,
Puis au ptérodactyle ouvrir l'essor d'une aile,
Monter, monter toujours dans l'onde maternelle,
Monter de cette ébauche au narval, au dauphin,
Au phoque, à la baleine, au mammifère enfin,
Et dans ce mammifère achever ton ouvrage
Par ces fils derniers-nés qui jusques à notre âge
De rameaux en rameaux auront pour floraison
L'homme droit sur ses pieds et fort de sa raison.

Jean RICHEPIN[1]

1. « La Gloire de l'eau » (extrait), dans *La Mer*, 1886.

226

Il n'est pas rare que l'évolution de la vie sur Terre soit présentée comme un processus linéaire progressif aboutissant à l'homme. Le scénario lentement reconstitué par les paléontologues est cependant tout différent. Il semblerait que la vie se soit trouvée à cinq reprises très gravement perturbée dans son déroulement par une catastrophe naturelle qui a détruit une bonne partie des espèces vivantes. L'évolution est chaque fois repartie sur de nouvelles bases, avec les survivants et le nouvel environnement. Nous ne serions donc que l'aboutissement (provisoire) du sixième essai de l'évolution, essai qui n'aurait jamais vu le jour s'il n'avait été précédé de cinq événements complètement aléatoires.

Il est permis de penser que la vie aurait pu produire l'intelligence dans l'une ou l'autre des voies différentes qu'elle avait commencé à explorer. Ce n'est pas seulement sur Mars que de petits hommes verts auraient pu voir le jour. C'est encore bien plus sur la Terre, si un hasard n'avait aiguillé l'évolution plutôt vers nous.

227

Si la réalité des extinctions de masse est l'objet d'un consensus dans la communauté scientifique, les causes de ces extinctions suscitent un foisonnement d'hypothèses controversées. Les causes les plus souvent mises en avant, qui reposent sur des constatations paléontologiques, paléogéographiques, paléoclimatiques, etc., peuvent se résumer ainsi : variations climatiques (glaciations, réchauffements), changements de niveaux océaniques (transgressions et régressions), volcanisme, anoxie (manque d'oxygène), hypersalinité, et, bien sûr, après le succès de la théorie d'Alvarez pour expliquer l'extinction C-T, les impacts météoritiques.

228

Seule l'extinction de la fin de l'Ordovicien (autour de – 440 millions d'années) ne coïncide avec aucun astroblème de quelque importance connu.

229

L'extinction du Dévonien, datant de 360 millions d'années, a vu disparaître 72 % des espèces.

Suite à l'étude de roches de quartz vitrifiées et des anomalies de gravité locales dans la région de la baie de Shark (Australie), au bord de l'océan Indien, une équipe de géologues australiens a identifié l'astroblème de Woodleigh, un cratère de 120 km de large et vieux de 360 millions d'années. La météorite devait avoir un diamètre d'au moins 5 km. Les conséquences ont dû être à peu près similaires à celles de l'impact de Chicxulub dans le golfe du Mexique, responsable de l'extinction des dinosaures : obscurcissement de l'atmosphère par les poussières soulevées au moment de l'impact, pluies acides et changement climatique majeur semblable à un hiver nucléaire.

230

Il y a 245 millions d'années, une extinction de masse a marqué la frontière entre le Permien et le Trias. Éliminant plus de 90 % de toutes les espèces marines, 70 % des vertébrés terrestres et la plupart des plantes terrestres, elle a été la plus sévère extinction des derniers 600 millions d'années. Parmi les hypothèses proposées pour expliquer cette catastrophe Permien/Trias, on trouvait celle d'éjections massives de lave volcanique, d'un empoisonnement océanique par anoxie, de fortes variations du niveau des mers et du climat, et bien entendu celle d'une météorite géante.

Depuis 2000, les indices se multiplient en faveur de cette dernière hypothèse. Les géochimistes ont trouvé trois signatures d'impact. On vient de découvrir dans les sédiments de la frontière Permien/Trias des fullerènes (ces cages constituées d'atomes de carbone) contenant des gaz d'origine extraterrestre, plus précisément de l'hélium et de l'argon pris au piège en des proportions isotopiques semblables à celles des chondrites carbonées, ce qui suggère qu'un impact d'astéroïde ou de comète a déclenché l'extinction du Permien.

Autre trace retrouvée, celle de minuscules cristaux de verre pouvant résulter du refroidissement rapide de gouttelettes de roche en fusion projetées dans l'atmosphère pendant une collision. Ensuite, du quartz choqué a été retrouvé sur les sites de la fin du Permien. Or, le quartz est si stable qu'aucun mécanisme connu d'origine volcanique ne peut le transformer à ce point. Les quartz fracturés ne peuvent résulter que d'une onde de choc d'extrême puissance, due à un impact géant.

Les indices ressemblaient donc à ceux de l'extinction du Crétacé. L'idéal restait à retrouver un cratère d'impact analogue à celui de Chicxulub. Un candidat existe. Un géologue de la société *Agip Petroleum*, en Australie, a décrit ce qui semble être un cratère d'impact gigantesque datant de la fin du Permien, enfoui sous une épaisse couche de sédiments au large de la côte nord-ouest de l'Australie. Nommé Bedout, l'astroblème se manifeste par une ligne de fracture circulaire de 200 km de diamètre. Les géologues y recherchent activement des quartz choqués qui prouveraient que l'on a bien affaire à un cratère d'impact. Cela expliquerait la présence de fullerènes dans des sédiments contemporains en Chine, au Japon et en Antarctique, proches de l'impact.

231

Dernière extinction à expliquer, celle qui survint il y a 215 millions d'années, à la fin du Trias, où une catastrophe a provoqué la disparition de 61 % des espèces. Un astroblème avéré de 100 km date approximativement de cette période : celui de Manicouagan, au Québec. Le cratère de Rochechouart date aussi de la même période. Si le cratère a bien un diamètre de 20 km et une profondeur de 60 m, la météorite de Rochechouart devait avoir une masse de 6 milliards de tonnes et une taille de 1,5 km.

Voilà deux cratères candidats pour témoigner de la chute d'une météorite à l'époque voulue, ce qui semble être un de trop. Curieusement, des investigations complémentaires allaient en fournir encore davantage, pour déboucher sur un scénario catastrophe à très grande échelle, dont la France aurait reçu la meilleure part.

232

Spécialiste de la télédétection spatiale et expert dans l'interprétation des images fournies par les satellites, Guy Tamain a, dès 1985, en étudiant une image de Landsat 2, observé que le point d'impact de la météorite de Rochechouart était le centre d'une vaste structure multi-annulaire extrêmement dense, tel un immense cratère, dont le diamètre était de 200 à 210 km, et non pas 20 à 25 km comme on le pensait alors. Le bord externe de cet ensemble, provoqué par l'onde de choc lors de l'impact, passe par une ligne Guéret, Aubusson, Meymac, Tulle, Brive et Périgueux. La thèse pourrait expliquer la présence à Saint-Paul-la-Roche, en Dordogne, de gisements d'un quartz reconnu comme étant le plus pur du monde pour ses qualités optiques exceptionnelles, et utilisé à ce titre en aéronautique, notamment par la NASA et lors de la construction du Concorde.

Ce quartz choqué, que l'on ne pouvait jusqu'à présent relier au petit cratère de 25 km, pourrait bien souligner l'existence d'un micro-impact, celui d'un petit bloc satellite de la grande météorite de Rochechouart, tombé à quelque 40 km du point de chute de celle-ci.

Plus étrange encore, la régularité des anneaux concentriques de Rochechouart s'interrompt brutalement vers le nord-est. À la place, on aperçoit un entrelacs géologique complexe, comme si l'onde de choc avait été gênée par quelque chose d'aussi puissant qu'elle. Qu'est-ce qui est aussi puissant que l'impact d'une énorme météorite ? Une autre météorite, tout aussi énorme ! De fait, en examinant des images satellitaires à la périphérie nord-est du cratère de Rochechouart, un jeune étudiant en géologie, Raphaël Blanke, découvre une autre série d'anneaux dont le centre est situé à Bizeneuille, à l'ouest de Moulins (Allier), et qui a un diamètre encore plus important, autour de 300 km. L'ensemble fait immanquablement penser aux ondes laissées par deux cailloux lancés presque simultanément dans l'eau : il y a une zone où les ondes se chevauchent. Pour Raphaël Blanke, aucun doute, une seconde météorite s'est abattue non loin de la première. Le jeune chercheur soumet son hypothèse à Guy Tamain et à Didier Devaux, un géologue de l'université de Paris-VI. Les trois chercheurs se mettent aussitôt au travail.

Première difficulté, si l'on en croit les cartes géologiques existantes, aucune roche (brèche, etc.) ni aucun faciès pétrographique rappelant un tant soit peu des impactites n'a jamais été signalé ici.

Deuxième difficulté, comment expliquer la présence de deux astroblèmes si rapprochés ? Pour Guy Tamain, Didier Devaux et Raphaël Blanke, il est probable que les deux météorites proviennent du même astéroïde. Ce dernier se serait scindé au contact de l'atmosphère. Deux gros blocs auraient alors touché la Terre à quelques secondes d'intervalle. Le premier impact serait celui de la météorite de Bizeneuille, étant donné que l'astroblème de Rochechouart le recouvre en partie dans son quart sud-ouest. Aujourd'hui, les deux cavités ne sont pas au même niveau d'érosion, car les deux météorites ne sont pas arrivées sur les mêmes roches. Ces dissemblances expliqueraient qu'il reste difficile de trouver dans la région de Bizeneuille des impactites bien conservées.

Cette thèse est conforme à la reconstitution que John Spray (Canada), Simon Kelley (Royaume-Uni) et David Rowley (États-Unis) ont proposée en 1998. D'autres impacts se sont produits à la même époque ailleurs dans le monde, et, apparemment, ces impacts sont distribués un peu partout sans ordre : Manicouagan et Saint-Martin (Canada), Red Wing (États-Unis) et Obolon (Ukraine). Dans cette accumulation de données disparates, il fallait la perspicacité du chercheur pour découvrir un sens. Les trois géologues ont pensé à reconstituer la géographie de la Terre à cette époque. Il y a 200 millions d'années, les continents n'avaient pas la même disposition sur le globe (les spécialistes appellent « paléolatitude » la latitude de cette époque). Spray, Kelley et Rowley ont découvert alors que les sites où se sont écrasées trois de ces météorites sont sur la même paléolatitude : Rochechouart, Manicouagan et Saint-Martin se trouvaient alors à 22° 8 de paléolatitude nord. Red Wing et Obolon se trouvent pour leur part sur la trajectoire de Saint-Martin pour le premier, et de Rochechouart pour le second. Enfin, et ceci est capital, tous ces cratères auraient le même âge… On peut donc envisager une véritable pluie de météores. Avec un très gros bloc Rochechouart-Bizeneuille qui, en entrant dans l'atmosphère, va se casser en deux blocs jumeaux pratiquement jointifs de 15 kilomètres de diamètre chacun. Puis le bloc de Manicouagan et le bloc de Saint-Martin, lequel est suivi de près par Red Wing. Sans oublier les petits blocs satellites. Ces météorites seraient tombées à quelques minutes d'intervalle, formant une « catena » (du latin chaîne).

233

Ce phénomène de pluie de grosses météorites n'est pas exceptionnel dans le Système solaire. Il existe des chaînes linéaires de cratères sur deux gros satellites de Jupiter, Ganymède et Callisto. Mais surtout, nous avons été témoins d'un cas magnifique, tout récemment, observé par les télescopes du monde entier. Le 24 mars 1993, les astronomes américains Eugène Shoemaker, Carolyn Shoemaker et David Levy découvraient une comète brisée en vingt et un morceaux. Tel un collier de perles dispersé sur plusieurs millions de kilomètres le long de son orbite, elle gravitait autour de Jupiter vers laquelle elle était irrésistiblement attirée. Cette occasion d'observer pour la première fois une collision majeure entre une comète et une planète mobilisa tous les moyens d'observation.

Entre le 16 et le 22 juillet 1994, les fragments mesurant de 1 à 3 kilomètres sont entrés en collision avec l'atmosphère supérieure de Jupiter. Les impacts provoquèrent d'énormes cataclysmes chimiques et thermiques dans l'atmosphère de Jupiter, suivis presque en temps réel sur Internet par la communauté scientifique et les astronomes amateurs. Les images les plus spectaculaires furent celles en infrarouge montrant l'embrasement de l'atmosphère de Jupiter lors des impacts et la formation de gigantesques champignons de plus de 3 000 km d'altitude. Les répercussions de ces impacts ont été visibles sur Jupiter pendant presque toute une année après l'événement.

234

Ainsi, des indices toujours plus nombreux s'accumulent en faveur d'une correspondance étroite entre extinctions massives et chutes de météorites géantes. Finalement,

M. Coppens avait peut-être tort. La Terre semble bien avoir chaque fois « pris un coup sur le nez ».

Mais je comprends les résistances des naturalistes à l'idée que la Terre est régulièrement bombardée par des météores géants, qui anéantissent les espèces et font de la place pour une vie nouvelle. Une telle conclusion fait des grandes extinctions un moteur de l'évolution. L'avènement des dinosaures serait le produit de la grande crise de la fin du Permien. De nombreuses niches écologiques occupées auparavant par d'autres espèces auraient été libérées et conquises par les dinosaures. De même, la disparition de ces géants à la fin du Crétacé a permis la multiplication des mammifères. Et nous, les hommes, nous ne serions sans doute pas apparus sans cette extinction de masse provoquée par un astéroïde dévastateur.

235

En 1986, les paléontologues David Raup et John Sepkoski ont attiré l'attention sur l'aspect périodique des extinctions. On ne parle plus ici uniquement des cinq grandes discutées plus haut, mais également de plusieurs extinctions de moindre importance qui demeurent toujours des extinctions de masse. En compilant les fluctuations numériques des familles et des genres marins depuis le Permien, c'est-à-dire pour les derniers 285 millions d'années, ces chercheurs ont mis en évidence une périodicité de 26 millions d'années dans les extinctions. Il est difficile d'imaginer quel mécanisme au sein de notre planète fonctionnerait selon une cadence aussi régulière. C'est pourquoi ils ont suggéré de chercher dans l'espace un phénomène qui pourrait imprimer un tel rythme. Un certain nombre de candidats ont été proposés, ayant tous en commun de provoquer des pluies de comètes. On sait depuis longtemps que le Système solaire est entouré de milliards de comètes. On pourrait imaginer qu'il existe une lointaine dixième planète qui ferait surgir des pluies de comètes du Nuage de Oort, où elles circulent habituellement. Cette hypothèse est loin de faire l'unanimité mais suscite d'intenses travaux de vérification.

236

Le Système solaire s'est formé à partir d'un immense nuage de gaz et de poussières interstellaires. Seul le centre s'est effondré pour former le Soleil. Les parties proches du centre se sont aplaties pour former un disque dont sont nées les planètes. Une partie intermédiaire du nuage s'est aplatie en disque également, mais sans donner lieu à des agglomérations plus avancées que de gros cailloux. C'est la ceinture de Kuiper, récemment découverte, qui entoure le Système solaire au-delà de Pluton. Plus loin encore, on présume l'existence d'un énorme halo sphérique autour du Système solaire, que l'on a baptisé Nuage de Oort. Il représente la partie extérieure de la nébuleuse initiale. Longtemps limité à l'orbite de Pluton, le Système solaire s'étend désormais cent fois plus loin. Le Soleil, petit comme un grain de poivre au milieu de Paris, est pourtant le grand ordonnateur de ce qui se passe jusqu'au Périphérique. Miracle de la gravitation.

237

Des chercheurs ont émis l'hypothèse qu'une pluie de comètes a balayé le Système solaire interne voici 35 millions d'années, au cours de la période géologique appelée Éocène, parce que la poussière issue de ces bolides cosmiques a laissé dans les sédiments marins une éloquente couche enrichie en hélium.

L'astroblème de Popigai, en Russie, et celui de la baie de Chesapeake, aux États-Unis, mesurant respectivement

100 et 90 km de diamètre, datent du même âge : 35,6 millions d'années. Il s'est agi des plus gros impacts depuis celui de Chicxulub qui avait décimé les dinosaures 30 millions d'années auparavant. Des impacts plus petits datent aussi de cette période, de même que des couches de minéraux choqués. En étudiant des roches des monts Apennins, en Italie, qui ont formé les sédiments marins de la fin de l'Éocène, des géochimistes ont trouvé des couches enrichies en hélium 3, un isotope rare sur Terre mais commun dans la poussière cosmique. Une quantité de poussière cinq fois supérieure à la normale s'est déposée à la surface de la Terre durant une période de 2,5 millions d'années encadrant les dates des cratères d'impact. L'augmentation et la diminution du flux de poussières ressemble fort à celui que produirait une pluie de comètes. Mais qu'est-ce qui peut avoir provoqué cet afflux de comètes particulièrement nourri ? Selon certains modèles, le passage d'une étoile au voisinage du Soleil pourrait perturber le vaste nuage de comètes qui englobe le Système solaire et enverrait des millions de ces vagabondes glacées en direction du Soleil, donc de la Terre.

Toutefois, la dynamique du Système solaire est trop mal connue pour écarter l'hypothèse de débris venant plutôt de la ceinture d'astéroïdes.

238

Pour récapituler

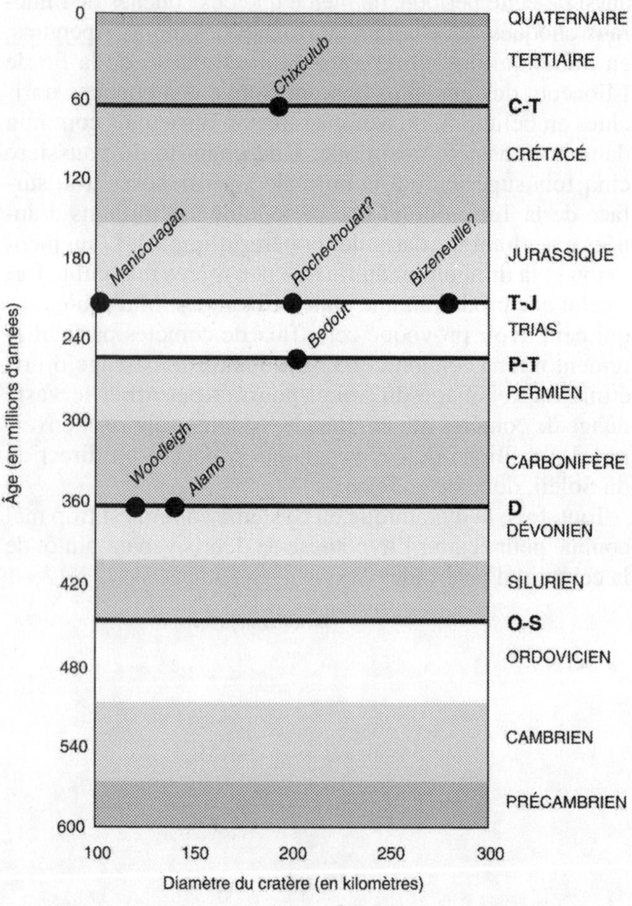

239

Alors le deuxième ange sonna [...] Et une énorme masse embrasée, comme une montagne, fut projetée dans la mer et le tiers de la mer devint du sang. Il périt ainsi le tiers des créatures vivant dans la mer et le tiers des navires fut détruit. Alors le troisième ange sonna [...] Un grand astre, comme un globe de feu, tomba du ciel.

L'Apocalypse de Jean

240

La Fin du Monde

Malheur à vous qui contemplerez cette journée-là !
Car une immense nuit l'espace infini recouvrira,
Du levant du soleil au couchant et du midi au nord.
Et un immense fleuve de feu brûlant encore
S'écroulera des hauteurs du ciel et dévastera tous les
[lieux,
Et la terre, et l'immense océan, et la mer bleue,
Et les lacs, et les fleuves, et les sources, et le sombre
[pays des morts
Et le pôle céleste. Et dans le ciel les astres encore
Se rejoindront, et s'uniront dans l'immense forme vide
[de l'éther.
Partout du ciel des étoiles tomberont dans la mer,
Et toutes les races humaines claqueront des dents.
Elles brûleront dans le fleuve, et dans le soufre, et dans
[le feu plein d'élan
Qui fera flamber sous eux le sol, et la cendre recouvrira
[l'univers.
Alors gésiront dans le vide les éléments de l'univers,
L'air, la terre, la mer, la lumière, les jours et les nuits, et
[le pôle.

L'air ne soutiendra plus les ailes des oiseaux dans leur
[vol,
Les poissons nageurs ne flotteront plus à travers les mers,
Les bâtiments chargés ne navigueront plus sur les mers,
Les bœufs ne traceront plus leurs sillons droit à travers
[les terres,
Le vent ne frémira plus à travers les arbres, mais tout
[l'univers créé
Se fondra en un, et se dissoudra dans la pureté.

Oracles prophétiques, IIIe siècle

241

D'innombrables mythes provenant aussi bien de l'antiquité biblique, orientale, grecque, et romaine, que des Mayas, Hindous, Sibériens, Chinois ou Scandinaves, décrivent une apocalypse par le feu. L'idée que le monde est périodiquement dévasté par des catastrophes se trouve dans le *Timée* de Platon (que n'y trouve-t-on pas ?). Dans les premiers âges du christianisme, c'est au feu que revient le plus souvent l'épreuve finale.

Composés entre le deuxième et le troisième siècle de notre ère, les *Oracles prophétiques* sont fortement imprégnés de la lecture de l'*Apocalypse de Jean*. Bûcher ardent, mer en flammes, chute des cieux et des étoiles, cendre et ténèbres : tel est le destin qui nous est promis. On y trouve aussi la notion paradoxale selon laquelle la fin du monde dans une flambée gigantesque est une perspective attirante. Dans l'inconscient, le feu ne détruit pas vraiment, mais purifie, transforme et renouvelle.

N'est-ce pas grâce à la boule de feu qui a anéanti l'espèce dominante des dinosaures voici 65 millions d'années que le timide rameau des mammifères a pu se développer, et que nous sommes là aujourd'hui, fruit lointain de cette apocalypse ignée ? L'apocalypse a donc du bon.

242

Le mystère de l'Atlantide

Entre l'énorme cataclysme qui a décimé les trois quarts des espèces vivantes à la fin du Crétacé, et la petite collision qui a dévasté une forêt de Sibérie en 1908, il y a eu de nombreux événements intermédiaires, qui ont assurément été à l'origine de certaines modifications spectaculaires de climat. Le réchauffement brutal du climat à la fin de la dernière période glaciaire pourrait bien avoir été causé par la chute d'une météorite dans l'océan, la vapeur d'eau dégagée par un tel choc entraînant une augmentation de l'effet de serre (un choc sur un continent entraîne au contraire un refroidissement). Mais un tel choc cause aussi un énorme raz de marée, capable d'anéantir totalement une civilisation insulaire, comme celle de l'Atlantide.

Dans *Critias*, une œuvre composée en l'an 355 avant Jésus-Christ, Platon fait pour la première fois référence à l'Atlantide, une cité fabuleuse qui aurait été engloutie par la mer 9 000 ans auparavant.

Chez Platon, ce mythe a une dimension avant tout politique. En racontant la chute d'un empire maritime et conquérant, le philosophe prend parti pour une société terrestre, défensive et sans extension à l'extérieur. Aristote, son élève, prendra l'exact contre-pied en proposant au contraire une cité maritime, cosmopolite, ouverte aux échanges commerciaux. C'est sur ce modèle de cité idéale qu'Alexandrie sera fondée, en 331 av. J.-C., par Alexandre le Grand. Il avait eu Aristote pour précepteur.

Au-delà de sa dimension idéologique, *Critias* décrit une affabulation dont le fondement est peut-être réel. Historiens, archéologues et philosophes qui se sont penchés sur le problème ont proposé plusieurs lieux hypothétiques pour situer l'Atlantide. La civilisation atlante dont parle Platon serait inspirée par la civilisation minoenne, originaire de Crète. À l'est d'Athènes, l'île volcanique de Santorin, dans l'archipel des Cyclades, fut dévastée par une éruption gigantesque au XIe siècle av. J.-C. Dès les premiers soubresauts du volcan, la population prit la fuite vers la Crète, mais les raz de marée qui s'ensuivirent mirent toute la flotte crétoise en déroute et provoquèrent la disparition de cette civilisation. La comparaison avec l'Atlantide est tentante, surtout depuis la découverte en 1970 des vestiges d'Akrotiri, une cité minoenne mise au jour sur le versant nord de l'ancien cratère.

Deux objections viennent contredire cette hypothèse : selon Platon, la disparition de l'Atlantide se serait produite 7 500 ans avant la catastrophe de Santorin. De plus elle se situait bien plus loin à l'est d'Athènes, au-delà des colonnes d'Hercule (le détroit de Gibraltar). Son nom est tiré de l'Atlas, la chaîne de montagnes qui sillonne le nord-ouest de l'Afrique, au Maroc, une région où la mythologie situe également le jardin des Hespérides, domaine des morts.

Des recherches archéologiques ont été menées aux Açores et tout le long de la dorsale médio-atlantique. En vain. Le socle continental qui existe dans cette partie du globe n'a subi aucune modification au cours du dernier million d'années. C'est l'archipel des Bahamas qui, au dire de certains chercheurs, fait aujourd'hui figure de favori pour les restes émergés du continent englouti.

La date de la fin de l'Atlantide est étonnante en soi, puisqu'il s'agit précisément de la fin de la dernière période glaciaire. Le réchauffement climatique avait débuté plusieurs milliers d'années auparavant, mais il s'est brusquement accéléré précisément aux environs de 9 500 av. J.-C., atteignant une amplitude de cinq degrés en quelques dizaines d'années. Le niveau des océans est alors monté de plus de cent mètres, engloutissant de nombreuses contrées. Cette élévation du niveau des eaux a été graduelle, mais il est très possible qu'un événement catastrophique ait été à son origine.

243

La périodicité des ères glaciaires et interglaciaires est assez bien expliquée par la théorie astronomique de Milankovitch, qui fait intervenir les variations de l'orbite terrestre, mais le passage rapide de l'une à l'autre reste énigmatique. En fait, il semble qu'à certaines époques, le climat terrestre soit particulièrement instable, pouvant basculer très rapidement d'une période froide à une période chaude…

Lorsqu'il y a une telle instabilité, on peut s'attendre à ce qu'un événement assez modéré apporte le petit coup de pouce qui fasse basculer d'un état à l'autre. Cela pourrait avoir été causé par la chute d'une météorite : les géologues et les historiens sont très réticents à faire intervenir de tels événements dans l'histoire de la Terre ou des hommes, mais les astronomes sont de leur côté certains qu'il y a eu de telles influences. Il s'agit d'un cas typique de manque de communication entre différents domaines de la science !

244

Le « sentiment » historique s'inscrit d'abord et avant tout dans des échelles de temps et d'espace qui peuvent affecter une vie humaine. Éventuellement une nation. L'échelle cosmique, celle qui montre la Terre comme une boule à la dérive dans l'immensité du vide – pas si vide d'ailleurs – n'est pas vraiment la plus naturelle. Seuls les astrophysiciens, à force de n'étudier que cela, peuvent raisonner immédiatement en termes d'espace lorsqu'ils se penchent au sol. Puisque la Terre n'est, *in fine*, qu'un condensat de matière interstellaire, tout ce qu'elle exhibe parle du ciel. Son noyau, son manteau, sa croûte, son eau, son atmosphère, ses cicatrices, ses apocalypses, tout, absolument tout est venu du ciel.

245

L'affaire Velikovsky

Le monde fut stupéfait en 1950 à la publication du livre d'Immanuel Velikovsky, *Mondes en collision.* Pour ce psychiatre d'origine russe, ami de longue date d'Albert Einstein, l'histoire de l'humanité était jalonnée de catastrophes naturelles d'origine cosmique qui éclairaient d'un jour nouveau nombre de grands mythes du passé, tels les plaies d'Égypte et le déluge. Velikovsky parlait beaucoup de collisions manquées de peu avec des comètes, et faisait notamment l'hypothèse que Vénus avait été arrachée à Jupiter pour devenir une énorme comète qui avait failli heurter Mars puis la Terre, avant de devenir planète. Au passage, elle aurait engendré une période d'apocalypse juste avant le début de la mémoire humaine. Pour Velikovsky, l'Exode fut une conséquence du passage de Vénus qui s'accompagna de chutes de feu et de cendres, de mers bouillantes, d'essaims de mouches et de populations terrorisées.

Son livre se vendit à des millions d'exemplaires. C'était le fruit baroque de dix années d'études d'anciens manuscrits, des mythes et des religions des civilisations passées tout autour du globe, y compris et surtout de l'Ancien Testament.

Le livre de Velikovsky souleva immédiatement la colère des astronomes, qui clamèrent (à juste titre) que Vénus n'avait jamais pu être une comète. Cette thèse viole les lois de la physique et de la planétologie. Des scientifiques, arguant qu'une maison d'édition respectable ne pouvait pas se permettre de faire passer des livres sur les mythes pour de la science comptante, forcèrent l'éditeur MacMillan à supprimer la publication du texte de Velikovsky, et lui firent vendre les droits à l'éditeur « populaire » Doubleday (qui du coup fit fortune). Le magazine *Time* alla jusqu'à supprimer toute référence à l'ouvrage de Velikovsky dans la liste annuelle des meilleures ventes ! L'establishment scientifique peut aller très loin dans ses croisades antirationalistes.

246

Velikovsky s'appuyait sur l'interprétation littérale des mythes recensés dans le monde entier pour expliquer les soubresauts de l'histoire humaine par les catastrophes naturelles. Son seul tort fut d'en dresser la liste sans autre forme de procès. Les scientifiques, eux, se mettent d'abord en quête de preuves, d'évidences matérielles qui témoignent d'un cataclysme, lequel sera éventuellement mis en relation avec des événements connus par d'autres biais, dans certains cas les témoignages anciens. Les deux approches ne sont pas incompatibles, mais la première ne se conçoit pas sans la deuxième.

Pour ma part, je n'ai aucune honte à dire que la lecture du livre hérétique de Velikovsky, lorsque j'étais adolescent, a puissamment contribué à ma vocation d'astrophysicien !

247

Hérétique, et pourtant… Des chercheurs on ne peut plus sérieux ont étudié les collisions cosmiques non cataclysmiques, et ont fait l'hypothèse d'un impact moyen survenu il y a 4 200 ans, coïncidant avec des manifestations historiques exceptionnelles autant en Amérique du Sud qu'en Afrique équatoriale, dans le bassin méditerranéen et en Asie occidentale. Celles-ci étaient généralement attribuées à un changement climatique, ou bien à une dégradation des sols due aux débuts de l'agriculture. Or, les données collectées réfutent l'hypothèse d'un phénomène d'origine humaine et confirment l'abrupt changement de climat. Ce changement pourrait être directement relié à un phénomène cosmique. En effet, il coïncide avec une abondance de sphérules inusuelles dans des couches stratigraphiques contemporaines, qui conduisent à envisager l'hypothèse d'un impact. Parallèlement à cela, on a découvert des acides aminés d'origine extraterrestre dans un forage de la calotte glaciaire groenlandaise (expérience GISP 2), correspondant à une date comprise entre 4270 et 4440 av. J.-C. Ces molécules pourraient constituer les traces de l'explosion d'une petite comète ou d'un astéroïde carboné d'environ 1 km de diamètre.

CHAPITRE 6

Anatomie des petits corps

248

À ce stade, vous aurez compris que la Terre se promène dans un vaste stand de tir cosmique. Des millions de projectiles potentiels, vestiges du Système solaire naissant qui n'ont jamais pu s'assembler pour former de grosses planètes, sillonnent l'espace à des vitesses de plusieurs dizaines de kilomètres par seconde. La plupart, bénins, sont des grains de la taille d'une poussière ; d'autres – les astéroïdes – sont des cailloux rocheux ou métalliques de la grosseur d'une montagne ; d'autres encore – les comètes – sont des boules de glace qui fondent sans crier gare ; aux deux sens du terme.

249

La nuit du nouvel an 1801, Giuseppe Piazzi, moine sicilien et directeur de l'Observatoire de Palerme, remarque un fait étrange : un astre ne figurant pas sur son planisphère céleste brille dans la constellation du Taureau. Non seulement l'astre n'est pas répertorié, mais il se déplace. Piazzi pense avoir détecté une nouvelle comète. Pourtant, en suivant la trajectoire de l'objet au cours des semaines suivantes, il observe que son image est plus brillante et sa progression plus lente que celles d'une comète typique.

En réalité, Piazzi vient de découvrir une nouvelle planète ! Il la baptise Cérès Ferdinandea, en l'honneur de la déesse tutélaire de la Sicile, Cérès, et de son roi de l'époque, Ferdinand. Les autres astronomes ne voyant guère d'un bon œil qu'un astre porte le nom d'un souverain régnant abrègent la désignation en Cérès.

250

Quelques mois plus tard, un mathématicien allemand de génie à peine âgé de 24 ans, Karl Friedrich Gauss, s'empare du problème de l'orbite de Cérès comme d'un défi divertissant. Utilisant les maigres données fournies par Piazzi, Gauss reconstitue l'orbite complète de Cérès. En novembre, il annonce que la nouvelle planète gravite autour du Soleil entre Mars et Jupiter, à une distance moyenne de 415 millions de kilomètres (soit 2,77 fois la distance Terre-Soleil), détermine l'excentricité de l'orbite (l'excentricité mesure l'écart de forme entre une ellipse et un cercle parfait ; elle vaut 0 pour le cercle, et tend vers 1 pour les ellipses de plus en plus allongées) et son inclinaison sur le plan de l'écliptique (le plan déterminé par l'orbite terrestre). Quand, plus tard, les astronomes pointent leurs télescopes en se référant aux calculs de Gauss, ils retrouvent Cérès exactement à l'endroit prévu. Une nouvelle planète existe bel et bien. Mais, compte tenu de son faible éclat, Cérès ne doit pas dépasser 1 000 km de diamètre. C'est une « petite planète ».

251

Peu après, les astronomes découvrent que la petite planète est entourée de quelques compagnes de voyage : Pallas, Junon, et Vesta, la plus brillante de toutes. Après 1807, aucune autre n'est détectée pendant trente-huit ans. Foi d'astronome, ces petits corps célestes ne sont pas vraiment des planètes dignes de ce nom. Malingres et coincés entre deux géants, ce ne sont que des fragments, des balbutiements de planète, les restes d'un rêve avorté. L'Anglais William Herschel suggère de les nommer officiellement « astéroïdes » – ce qui signifie *semblable à une étoile*, en référence à leur aspect anodin dans le ciel, pour un œil non averti. Le terme de « planète télescopique » restera en usage quelque temps, et celui de « petite planète » (en anglais : Minor Planet) est toujours en vigueur.

252

En 1845, un maître de poste et astronome amateur allemand, Karl Hencke, se sert de cartes d'étoiles beaucoup plus complètes et détecte un nouvel intrus, en l'occurrence un cinquième astéroïde, Astraea. La chasse aux petits corps peut recommencer. Amateurs et professionnels braquent leurs canons télescopiques vers ce nouveau type de gibier céleste.

253

Il fallait avoir sérieusement ausculté le ciel et répertorié des milliers d'étoiles pour s'apercevoir que certains des points lumineux les plus infimes ne sont précisément pas des étoiles, mais des objets nomades. Les grosses planètes, elles, brillaient comme des phares et s'étaient signalées depuis longtemps par leurs courses différentes du reste du ciel. Mais ces avortons de planète allaient leur petit bonhomme de chemin sans que personne ne les ait jamais détectés. L'astronomie n'est que cette aventure au fond : d'abord comprendre ce qui crève les yeux, puis ce qui met longtemps à se laisser détecter, enfin ce qui est bel et bien caché.

254

Le premier représentant d'une catégorie d'objets célestes est souvent détecté par hasard, ou après de longs tâtonnements. Le premier astéroïde, la première galaxie, la première planète extrasolaire sont tombés devant les télescopes sans qu'on sache encore de quoi il s'agissait. Ce n'est qu'une fois identifiés qu'ils donnent lieu à une recherche concentrée et systématique. Dès ce moment, la moisson s'amplifie, montrant que des centaines de ces objets gambadent là, à notre nez et à notre barbe. Il ne manque que deux choses pour les trouver : savoir que chercher et savoir comment chercher.

255

Hermann Goldschmidt, artiste allemand vivant à Paris, achève en 1852 un portrait de Galilée. Peu après, il se rend à une conférence publique d'astronomie donnée par Urbain Joseph Le Verrier, le célèbre découvreur de la planète Neptune. Goldschmidt est tellement captivé qu'avec l'argent de la vente du portrait de Galilée, il achète chez un brocanteur une lunette de 5 cm et un assortiment de cartes célestes. Depuis la fenêtre de son logement, au-dessus du café Procope, il découvre la petite planète n° 21, qu'il nomme… Lutèce. Dans la foulée, il en découvre treize autres.

256

Pendant que Goldschmidt et d'autres amateurs enthousiastes s'emploient à recenser les membres de cette populeuse famille, les professionnels s'aperçoivent que toutes les orbites des astéroïdes se regroupent dans un « tore », sorte de tube plat en forme de chambre à air, gravitant entre Mars et Jupiter. Dans ce volume, aujourd'hui appelé *ceinture principale d'astéroïdes*, les petites planètes tournent autour du Soleil comme les fils entrelacés d'un énorme écheveau de laine.

257

En 1891, Maximilian Wolf, directeur de l'Observatoire de Heidelberg (Allemagne), entreprend d'observer la ceinture d'astéroïdes à l'aide d'un télescope équipé d'un appareil photographique. Cette innovation permet de mettre au jour une véritable fournée de nouveaux petits corps.

La méthode de Wolf repose sur la capture de la lumière par des plaques photo exposées durant au moins une heure. Une minuterie fait tourner le télescope et son appareil photo en synchronisation avec la rotation terrestre, de sorte que toutes les étoiles semblent rester fixes et se réduisent à un seul point lumineux. Comme un astéroïde, lui, se déplace par rapport aux lointaines étoiles de fond, il se révèle, au bout d'une heure d'exposition, sous la forme d'un tiret brillant.

Voilà une technique qui change la prospection du tout au tout. Imaginez le travail avant cela : l'œil rivé au télescope pour identifier chaque petit point lumineux en relation avec une carte du ciel. Désormais, c'est la plaque photographique qui fait tout le travail en se comportant comme un tamis. Tous les points fixes sont des étoiles, toutes les traînées brillantes sont des astéroïdes. La récolte devient simple comme bonjour. Enfin presque. Les astronomes doivent distinguer entre les pointes d'épingles laissées par les étoiles, les rayures tracées par une petite planète traversant le ciel, et les défauts d'émulsion des plaques photo. En quarante et un ans d'étude, Wolf découvre le grandiose total de 231 astéroïdes.

258

Les astéroïdes sont de prime abord relégués au rang d'objets mineurs de l'astronomie. D'ailleurs, ne les appelle-t-on pas « petites planètes » ?

Ce terme-là m'a fasciné lorsque je l'ai découvert dans le *Supplément au Nouveau Larousse Illustré*, dans sa prestigieuse édition de 1900. C'était dans les années 1960 et j'étais gosse. À l'époque, j'avais la manie des listes : les cascades, les fleuves, les montagnes, tout était bon à classer par ordre de hauteur, longueur, altitude, et à remplir de grands tableaux tracés à l'encre bleue sur des cahiers. Je trouvais de quoi alimenter mes listes en épluchant l'une après l'autre les milliers de pages de l'énorme dictionnaire en huit volumes. Je vivais à la campagne et n'avais pas de camarade de jeu, ce qui peut justifier cette activité compulsionnelle quelque peu inquiétante chez un garçon de douze ans. Quoi qu'il en soit, je recommande vivement la lecture des dictionnaires. Ils contiennent tout. C'est, en quelque sorte, l'univers en pièces détachées. Comme disait Vialatte : « Dieu lui-même, qu'est-ce, au fond, qu'un Larousse plus complet ? »

Bref, cet été-là, après la classification des reptiles, des palmipèdes et des échassiers, ma passion s'était portée sur les lacs canadiens. Une campagne d'exploration du Grand Nord canadien menée à la fin du XIXe siècle avait mesuré la superficie d'une multitude de ces lacs, lesquels se trouvaient répertoriés dans le huitième et dernier volume du dictionnaire : le fameux Supplément. Une aubaine ! Je les notai avec une patiente gourmandise dans un cahier à spirale. Mais, à ma grande surprise, au fil des pages, je constatai que le terme de « planète télescopique » revenait plus souvent que celui de « lac canadien ». Cela donnait, par exemple, à la page Theo-Thio :

– Thia, planète télescopique n° 405, découverte en 1895 par Charlus.

– Théodora, planète télescopique n° 440, découverte en 1898 par Coddington.

Et cela n'arrêtait pas ! Les planètes télescopiques pullulaient ! Le monomaniaque que j'étais ne pouvait qu'être fasciné. Je me suis mis à feuilleter systématiquement ce fabuleux ouvrage, dernier refuge de l'aventure, du fantastique et de la poésie. Puis, rassemblant mes notes, j'ai fait ma propre compilation de « planètes télescopiques », reclassées par numéro croissant. C'est ainsi que j'ai délaissé la géographie terrestre et me suis passionné pour un essaim de lucioles virevoltant par milliers autour du Soleil. Voici comment naissent les vocations d'astronome.

259

Entre 1801 et 1890, les découvertes d'astéroïdes (un peu plus de 300) ont donc été visuelles, dues aux remarquables observateurs qu'étaient les chasseurs d'astéroïdes. Ensuite, pendant un siècle, les découvertes (environ 20 000) ont été photographiques, et furent le fait de professionnels pour la majorité. Entre 1970 et 1988, le nombre de découvertes a grimpé à 700 par an en moyenne.

260

Depuis 1990, les trouvailles sont devenues électroniques, et sont dues à deux catégories « d'inventeurs ». La première est composée d'astronomes qui utilisent des caméras CCD (détecteurs électroniques beaucoup plus sensibles aux photons que ne l'étaient les plaques photographiques). Les autres découvertes sont le fait de caméras automatiques utilisées par des programmes spécialisés. Le plus réputé, LINEAR, est un héritier direct des satellites espions américains. Depuis 1997, il a permis de passer à la vitesse supérieure, avec la découverte de dizaines de milliers d'astéroïdes chaque année. Plus de 100 000 astéroïdes différents sont aujourd'hui repérés, parmi lesquels la moitié environ ont une orbite calculée et un peu plus de 10 000 seulement sont numérotés. L'avenir s'annonce difficile à gérer, car ce sont des millions d'objets différents qui sont potentiellement observables avec les moyens actuels.

261

Le Petit Prince

« Sa planète d'origine était à peine plus grande qu'une maison !

« Ça ne pouvait pas m'étonner beaucoup. Je savais bien qu'en dehors des grosses planètes comme la Terre, Jupiter, Mars, Vénus, auxquelles on a donné des noms, il y en a des centaines d'autres qui sont quelquefois si petites qu'on a beaucoup de mal à les apercevoir au télescope. Quand un astronome découvre l'une d'elles, il lui donne pour nom un numéro. Il l'appelle par exemple : "l'astéroïde 3 251".

« J'ai de sérieuses raisons de croire que la planète d'où venait le Petit Prince est l'astéroïde B 612. »

SAINT-EXUPÉRY[1]

262

Il existe un institut, créé en 1947, qui est chargé d'administrer l'information sur les astéroïdes. Le Centre des Petites Planètes a pour mission de conserver la trace de ces myriades de petits corps. Il sert aussi de centre d'in-

---

1. *Le Petit Prince*, Gallimard, 1943.

formations – consignant par exemple les orbites des astéroïdes nouveaux – et d'arbitre dans les disputes sur la nomenclature et la classification.

263

Les règles du jeu

Si vous découvrez une météorite, on lui donnera le nom du lieu géographique – ville, région – dans lequel vous l'avez ramassée.

Si vous découvrez une comète, elle portera votre nom, et peut-être celui de la prochaine personne qui aura confirmé son existence.

Si vous découvrez un astéroïde, vous pouvez recommander que l'astéroïde porte le nom de votre choix, à l'exception du vôtre.

264

Lorsqu'un astéroïde nouveau est détecté sur un cliché, une désignation provisoire lui est attribuée, composée du millésime de l'année suivi de deux lettres : la première désigne la quinzaine de l'année (26 lettres pour 26 quinzaines), la seconde l'ordre de découverte dans la quinzaine. Par exemple, les astéroïdes découverts dans la deuxième quinzaine de janvier 2002 sont successivement désignés par 2002 BA, 2002 BB, etc.

Après la détermination des éléments orbitaux, on attend une deuxième observation pour confirmer l'existence du petit corps. L'Union astronomique internationale (UAI) lui attribue un numéro matricule, lequel indique l'ordre de découverte des objets. C'est alors seulement que son découvreur peut proposer un nom de son choix. C'est ainsi que les astéroïdes se nomment 1 Cérès, 4 Vesta, 107 Camilla, 451 Patientia, etc.

265

Nomenklatura

La nomenclature des astéroïdes a sans cesse évolué depuis la tentative ratée de Piazzi d'ajouter à Cérès le nom du roi Ferdinand. Les quelques dizaines d'astéroïdes suivants ont été baptisés du nom des dieux et déesses de l'Antiquité grecque et romaine. Quand ce panthéon fut épuisé, il fallut trouver autre chose. À la fin du XXe siècle, après que des milliers d'astéroïdes eurent été découverts, nombre de restrictions ont disparu. Les Petites Planètes ont été baptisées de noms de fleurs (Azalea, Tulipa, Petunia), d'épouses d'astronomes, de personnages politiques (Karl Marx, Evita), d'écrivains (Tchekov, Tolkien, Mark Twain), de compositeurs (Bach, Beethoven, Tchaïkovski), d'inventeurs (Braille), de héros de feuilletons télévisés de science-fiction (Mr. Spock), de vedettes de rock (John, Paul, George et Ringo) et même d'un ordinateur (NORC) et d'une compagnie aérienne (Swissair).

Le Centre des Petites Planètes a retenu le principe que les découvreurs peuvent choisir n'importe quel nom, à partir du moment où il n'est pas obscène et où l'orbite de l'astéroïde a été correctement établie par trois passages.

266

Entre 1989 et 2000, à l'Observatoire de la Côte d'Azur, près de Nice, Alain Maury a débusqué plusieurs centaines d'astéroïdes. Le plus célèbre, repéré le 4 janvier 1989, a été baptisé Toutatis, dieu de la guerre chez les Gaulois (qui, comme chacun sait, craignaient que le ciel ne leur tombe sur la tête). Il est vrai qu'il doit frôler la Terre le 29 septembre 2004. À 1 556 000 km de distance à peine, il sera facilement observable par les amateurs.

267

À l'Observatoire de Paris, Antonella Barucci (son prénom officiel, Maria Antonietta, lui donne une désagréable sensation dans le cou ; aussi ne l'utilise-t-elle que pour signer ses publications scientifiques) et Marcello Fulchignoni, son époux, comptent parmi les experts mondiaux en petits corps (du Système solaire). Ces deux chercheurs ne sont pas à proprement parler des chasseurs d'astéroïdes ; l'eussent-ils été, nul doute qu'Antonella, dès sa première trouvaille, aurait proposé le nom de Marcello, à charge de revanche. Antonella et Marcello s'intéressent plutôt à la physique des petits corps, à leur composition chimique, leur classification, leurs familles orbitales, leurs rotations propres. S'ils ont malgré tout leur nom dans le ciel, c'est parce qu'ils sont mondialement reconnus parmi les meilleurs théoriciens de la discipline, au point que leurs collègues américains leur ont rendu hommage. Les astéroïdes Barucci et Fulchignoni gravitent de concert dans la ceinture principale. L'affaire de famille ne s'arrête d'ailleurs pas là. Camillo et Niccolo, leurs bambini, ne les lâchent plus d'une semelle. Leurs homonymes célestes gravitent également tout là-haut.

268 (alias 5523)

Date : Mardi, 15 juin 1999, 10 : 25 : 02
From : antonella.barucci@obspm.fr
Subject : l'astro Luminet brilla nei cieli…
To : luminet@obspm.fr

Cher Jean-Pierre,
À l'occasion du congrès *Asteroids, Comets and Meteors*, la communauté qui s'intéresse aux petits corps dédie

quelques astéroïdes aux collègues pour les honorer. J'ai pensé à toi…

Luminet 5523 : Jean-Pierre Luminet, French astrophysicist

(5523) Luminet = 1991 PH8.

Discovered 1991 Aug. 5 by H. E. Holt at Palomar Mountain Observatory.

*Named in honor of Jean-Pierre Luminet (b. 1951), French researcher at Paris Observatory. Luminet specializes in general relativity and its applications to cosmology and astrophysics. He was the first to numerically visualize accretion disks around black holes, and discovered the phenomenon of « crêpe stellaire », which causes the crushing of stars by the tidal forces of giant black holes. In cosmology, Luminet proposed a series of models of « univers chiffonnés », in which complex topologies create ghost images. He is deeply involved in science outreach, both by publishing popular-level books and as a TV broadcaster. Name suggested and citation prepared by M. A. Barucci.**

Cette citation va être publiée dans les *Minor Planets Circulars* du 28 juillet 1999.

Amitiés
ANTONELLA

---

* Découvert le 5 août 1991 par H. E. Holt à l'Observatoire du Mont Palomar. Baptisé en l'honneur de Jean-Pierre Luminet (né en 1951), chercheur français à l'Observatoire de Paris. Luminet est spécialiste de la relativité générale et de ses applications à la cosmologie et à l'astrophysique. Il a été le premier à visualiser les disques d'accrétion autour des trous noirs et a découvert le phénomène de « crêpe stellaire », qui provoque l'écrasement des étoiles par les forces de marée des trous noirs géants. En cosmologie, Luminet a proposé une série de modèles « d'univers chiffonnés », dans lesquels des topologies compliquées engendrent des images fantômes. Il est très impliqué dans la communication scientifique, comme auteur de nombreux livres de vulgarisation et de documentaires pour la télévision. Nom suggéré et notice préparée par M. A. Barucci.

269

Une montée au ciel qui, pour une fois, se passe du vivant de l'élu, me suis-je dit. Pas de quoi pavoiser quand même. Compte tenu de son numéro d'ordre, la taille de 5523 Luminet avoisine les 12 km (les premiers astéroïdes à avoir été découverts et numérotés sont forcément les plus gros, car les plus brillants). Il gravite à un peu plus de 400 millions de km du Soleil. Qu'on ne s'étonne pas alors qu'il en réfléchisse si peu la lumière. Son éclat, que les astronomes nomment « magnitude visuelle », est de 17,7. En termes imagés, c'est celui d'une bougie allumée à 2 500 km de distance.

270

Date : Vendredi, 02 juillet 1999, 16 : 26 : 47
From : Alain. Maury@obs-azur.fr
Subject : baptême astéroïdal
To : jean-pierre.luminet@obspm.fr

Félicitations ! Ça fait toujours plaisir d'avoir son nom là-haut. Si on le voit passer à l'occasion on t'enverra une image. Henry (Hank) Holt, le découvreur de ton caillou, est un retraité qui venait observer les étés à Palomar pour les Shoemaker, lorsque ceux-ci étaient en Australie.

Le fait que les Américains nomment des astéroïdes pour des Français sert de prétexte au Programme national de planétologie pour ne pas avoir à soutenir un programme d'observation européen…

ALAIN

De fait, le programme de repérage systématique d'astéroïdes, initié en France par Alain Maury en 1989, a été supprimé au début de l'an 2000 pour des raisons budgétaires !

271

Quand on a affaire à une très nombreuse famille, il peut s'avérer utile de trier les frères, les sœurs, les cousins, les branches principales et collatérales. C'est le cas avec les astéroïdes. On peut les classer par position et par composition. Position par rapport au Soleil, et composition chimique.

272

La plupart des Petites Planètes peuplent le fossé de 560 millions de kilomètres qui sépare les orbites de Mars, planète rocheuse, et de Jupiter, géante gazeuse. C'est justement la puissante gravité de cette dernière qui a empêché, lors de la formation du Système solaire, les planétoïdes de s'assembler en un grand corps.

Cette « ceinture principale d'astéroïdes » abrite des millions de corps rocheux qui gravitent sur des orbites légèrement elliptiques et de faible inclinaison, tournent dans le même sens que les planètes et mettent entre trois et six ans pour accomplir une révolution.

273

La masse totale de tous les astéroïdes de la ceinture principale ne dépasse pas celle de la Lune. Le plus gros est Cérès, avec un diamètre de 933 km. Il représente à lui seul le quart de la masse de toute la famille. Les autres mastodontes sont Pallas, Vesta et Hygiea. 26 astéroïdes ont plus de 200 km de diamètre, et 5 000 environ plus de 13 km.

Notre recensement des plus gros est relativement complet : nous connaissons probablement tous les astéroïdes de plus de 100 km de diamètre. De ceux qui font entre 10 et 100 km, environ la moitié sont catalogués. Mais nous connaissons très peu les plus petits.

Selon les dernières données de l'Observatoire spatial infrarouge de l'ESA, le nombre de corps de plus de 1 km de diamètre qui gravitent dans la ceinture principale d'astéroïdes est compris entre 1,1 et 1,9 million. (En infrarouge, les corps sont détectés non pas en fonction de leur brillance mais de leur température, ce qui rend visibles les plus noirs.)

274

En 1866, l'astronome Daniel Kirkwood découvre que certaines trajectoires de la ceinture principale sont inoccupées. Autrement dit, il existe certaines distances interdites : les astéroïdes ne peuvent pas y orbiter. Ces trous, appelés lacunes de Kirkwood, correspondent à des zones où la puissante attraction gravitationnelle de Jupiter perturbe tellement le mouvement orbital des astéroïdes qu'elle les chasse vers des ellipses plus excentriques, ce qui finit par les soumettre à des perturbations encore plus grandes. Ils quittent alors le troupeau bien confiné de la ceinture principale et s'aventurent, soit dans les régions plus externes du Système solaire, soit dans les régions plus internes. C'est la raison pour laquelle d'autres familles de petits corps suivent des trajectoires très à l'écart de la ceinture principale. Certaines voguent plus loin du Soleil : les Grecs et les Troyens, ainsi que les Centaures. D'autres prennent des orbites plus serrées et allongées qui croisent la trajectoire de Mars, voire celle de la Terre : les Atens, les Apollos et les Amors.

275

Au-delà de la ceinture principale, deux groupes voguent de concert avec Jupiter, sur la même orbite que la planète géante : les Grecs et les Troyens, dont les membres sont nommés d'après les héros de l'*Iliade* d'Homère. Les Grecs précèdent la planète sur son orbite autour du Soleil, les Troyens la suivent.

Chacun de ces deux groupes peut rester stationnaire parce qu'il oscille autour d'un « point de Lagrange » – position fixe de l'espace où la gravité de la planète géante est contrebalancée par les attractions gravitationnelles des autres corps du Système solaire. Ces points dynamiquement stables forment avec Jupiter et le Soleil deux triangles équilatéraux. Pour ceux qui ont oublié la géométrie élémentaire, je rappelle qu'un triangle équilatéral possède trois côtés égaux, et donc trois angles égaux, de 60° chacun. Pour nos astéroïdes de l'Iliade, cela signifie qu'ils sont à égale distance de Jupiter et du Soleil, c'est-à-dire 778 millions de kilomètres, sur l'orbite de la planète géante, à 60° de part et d'autre – ce qui ne constitue finalement pas une garde très rapprochée. Le groupe des Grecs, conduit par Achille (diamètre 147 km), ouvre l'escorte, le groupe des Troyens, conduit par Patrocle (149 km), la ferme. Semblables à des captifs enchaînés, ces astéroïdes ne peuvent se détacher de ces positions d'équilibre gravitationnel, ce qui leur évite de rentrer en collision avec Jupiter.

Environ cinq cents d'entre eux sont répertoriés, mais on estime qu'il y en aurait plus du double. Les Grecs sont d'ailleurs plus nombreux que les Troyens (ils ont gagné la guerre), et ils ont un géant, Hector, à la forme bien particulière : cet objet allongé de 150 km sur 300 semble formé de deux astéroïdes accolés.

276

L'autre Lune

Jupiter n'est pas la seule planète à être escortée à l'avant et à l'arrière d'une garde présidentielle. Il existe aussi des astéroïdes aux points de Lagrange de Vénus, de Mars (dont le Troyen s'appelle Eurêka), de Saturne, et même... de la Terre. En effet, l'astéroïde 3753 Cruithne, découvert en 1986, accompagne notre planète dans son périple autour du Soleil.

Mais ce corps de 5 km, au nom d'origine celte, ne reste pas fixé à distance quasi constante, comme un Troyen discipliné. Tantôt il suit, tantôt il précède le déplacement terrestre. Étrange orbite, révélée en 1997, en forme de fer à cheval spiralé qui s'entortille autour des points stables de Lagrange. L'équilibre ainsi établi entre Cruithne, la Terre et le Soleil fait qu'il n'y a aucun risque de collision : la distance la plus petite que Cruithne pourrait atteindre par rapport à la Terre est de 15 millions de kilomètres.

En ce sens, on peut affirmer que la Lune n'est pas le seul satellite naturel de la Terre ! Mais c'est un ballet bien complexe que nous danse la petite Cruithne. Loin de l'orbite quasi circulaire de la Lune, elle virevolte et entrecroise les arabesques, telle la mouche du coche.

277

Il existe aussi un petit nombre d'astéroïdes, appelés Centaures, qui gravitent dans la partie externe du Système solaire. Large de 400 km, 2060 Chiron ne s'approche pas plus près que l'orbite de Saturne, et à l'aphélie (distance maximale) regagne les parages d'Uranus ; l'orbite de 5335 Damoclès n'est pas vraiment suspendue au-dessus de nos têtes : elle commence près de Mars, et s'aventure au-delà d'Uranus ; 5145 Pholus oscille entre Jupiter et Neptune. Il y en a probablement beaucoup d'autres, mais de telles orbites croisant celles des planètes géantes sont instables, et hautement susceptibles d'être dérangées.

Les Centaures semblent être des objets très primitifs, riches en matériaux organiques et en glace. Leur composition est donc plus proche de celle des comètes que de celle des astéroïdes ordinaires. En particulier, Chiron est considéré maintenant comme une comète défunte. D'ailleurs, astéroïdes et comètes, loin de former deux populations bien distinctes, ont des liens très étroits.

278

Parmi les cousins éloignés, il faut signaler deux autres familles de petits corps situées encore plus loin du Soleil, et plus populeuses que leur petite sœur confinée entre Mars et Jupiter : la ceinture de Kuiper et le nuage de Oort.

La ceinture de Kuiper s'étend au-delà de l'orbite de Neptune, à une distance comprise entre 30 et 1 000 fois la distance Terre-Soleil. Les corps qui la constituent sont dits « transneptuniens ». L'existence de cette famille a été prédite par Gerard Kuiper, en 1951, pour expliquer l'origine des comètes à courte période. La première observation d'un objet transneptunien n'a été faite qu'en 1992. Nommé 1992 QB1 et pas encore numéroté au titre d'astéroïde, ce corps obscur orbite à une distance moyenne de 6,6 milliards de kilomètres (44 fois la distance Terre-Soleil).

Les observations ont jusqu'à présent rapporté plus de cinquante corps transneptuniens dont le rayon dépasse 100 km. Certains sont vraiment très gros. La ceinture de Kuiper héberge en fait le plus gros astéroïde connu à ce jour : avec un diamètre de 1 270 km, 2001 KX76 a fait tomber Cérès de son piédestal.

Pluton et Charon, officiellement considérés comme le dernier couple planète-satellite du Système solaire, sont d'ailleurs mis en balance. Beaucoup les voient comme les membres les plus volumineux de cette lâche ceinture.

Selon les dernières estimations, cent millions d'objets de diamètre supérieur à 10 km pourraient exister dans ce disque qui s'étend dans le plan du système planétaire.

Ces corps composés de glaces et de roches s'apparentent davantage aux comètes qu'aux secs cailloux de la ceinture principale. Ils sont censés constituer le réservoir des comètes à courte période. La plupart des comètes aux périodes de moins de 200 ans sont en effet formées à partir de fragments qui proviennent de collisions entre corps de la ceinture de Kuiper. Celle-ci, à l'abri des effets de la chaleur du Soleil et des modifications chimiques que notre étoile peut provoquer, est donc un site archéologique parfait pour les historiens du Système solaire.

279

Comme un fier météore, en ton brûlant délire,
Lance-toi dans l'espace ; et pour franchir les airs,
Prends les ailes des vents, les ailes des éclairs,
Les bonds de la comète aux longs cheveux de flamme.

André CHÉNIER, *L'Amérique* (1787-90)

280

Aux confins du Système solaire se trouve la plus vaste famille de petits corps glacés : le nuage de Oort, nommé d'après l'astronome danois Jan Hendrik Oort, qui en a proposé l'existence en 1950 pour expliquer l'origine des comètes à longue période. Contrairement à la ceinture de Kuiper, disque aplati qui s'étend dans le plan du système planétaire, le nuage de Oort aurait la forme d'un halo sphérique épais entourant de toutes parts le Système solaire, et qui en marque d'ailleurs la frontière physique. Il commencerait 1 000 fois plus loin que l'orbite de Pluton, et s'étendrait à une année-lumière et demie de distance, soit 15 000 milliards de kilomètres.

Pour rendre compte du nombre observé de comètes à longue période, les astronomes estiment que le nuage doit abriter 6 000 milliards de corps – autant de comètes potentielles ! Si on applique la meilleure évaluation pour la masse moyenne d'une comète – environ 40 milliards de tonnes –, la masse totale de petits corps dans le nuage de Oort serait d'environ 40 fois celle de la Terre.

Les comètes visibles ici-bas sont des noyaux éjectés du nuage de Oort et propulsés vers l'intérieur du Système solaire à la suite de perturbations orbitales. Leurs glaces se subliment en chauffant à l'approche du Soleil et forment une queue plus ou moins lumineuse, très étendue.

281

Voyez l'appétit des comètes, brochets poursuivant le menu fretin, moustiques hallucinants tout parés de trompes et d'aigrettes, vers fantastiques pareils à des noyaux de pêche, dont la queue s'orne d'une couronne rayonnante de poils et s'étire jusqu'aux cantons les plus disgraciés de la création.

282

Tous ces millions et milliards de kilomètres donnent le tournis. Ou alors ils agacent, car notre entendement ne parvient pas à en prendre la mesure. Alors réduisons le Soleil à une bille d'écolier de 1 cm de diamètre, et reformatons le Système solaire, afin de le rendre plus familier.

La Terre a la taille d'un grain de sable tournant en cercle à 1 m, Mars est un autre grain à 1,50 m, Jupiter à 5 m, tandis qu'entre les deux voltige une nuée de poussières, les astéroïdes. Une nouvelle poignée de grains de sable jusqu'à Pluton, à 40 m. Tout cela dans un même plan. Et pour clore le Système solaire, une épaisse coquille de poussières entre 40 et 100 km. L'ensemble gouverné par la petite bille de 1 cm, reine en son royaume de gravité. Le royaume d'à côté, celui de la plus proche étoile, est centré sur une autre bille, à 500 km.

283

Mais revenons plus près de chez nous. La fronde gravitationnelle fomentée par les lacunes de Kirkwood propulse de temps à autre des astéroïdes hors de la ceinture principale en direction du Système solaire interne. Ces vagabonds du ciel se regroupent en trois familles : les Amors, les Atens et les Apollos.

284

Les Amors (le nom vient de l'astéroïde 1221 Amor, premier du genre a avoir été découvert) croisent l'orbite de Mars, mais n'atteignent pas tout à fait l'orbite terrestre. Ils peuvent la frôler mais pas l'atteindre, du moins pas dans les millions d'années à venir (les lois de Kepler permettent de calculer les orbites du Système solaire avec une grande précision mais pas au-delà d'un certain terme).

285

Les Atens (de 2062 Aten) circulent entièrement à l'intérieur de l'orbite terrestre, et tournent donc autour du Soleil en moins d'une année. Ils ne sont en principe pas trop dangereux… sauf quand des perturbations gravitationnelles en font remonter certains au niveau de l'orbite terrestre.

286

Les Apollos (de 1862 Apollo) ont leur périhélie – point de plus courte distance au Soleil – à l'intérieur de l'orbite terrestre, tandis que leur aphélie – point de plus grande distance – peut remonter du côté de chez Mars. Les esprits attentifs en déduiront qu'ils coupent effrontément l'orbite de notre chère planète. Pas tous cependant. Icare, par exemple, vole entièrement à l'intérieur de l'orbite de Mercure, avec un périhélie situé à seulement 29 millions de kilomètres du Soleil. Comme son homologue grec, il s'expose à un cruel destin en s'approchant autant : il risque de fondre.

287

Distribution des astéroïdes
dans le Système solaire interne

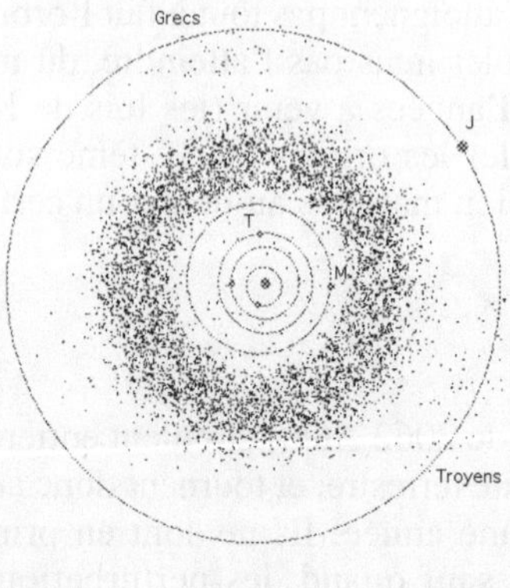

Ce schéma montre les familles d'astéroïdes gravitant en deçà de l'orbite de Jupiter. La majorité sont regroupés dans la ceinture principale, entre les orbites de Mars (M) et de Jupiter (J). Au même niveau que l'orbite de Jupiter, les Grecs et les Troyens précèdent et suivent la planète géante autour d'une position d'équilibre formant un angle de 60° avec le Soleil (S). Enfin, quelques astéroïdes se détachent de la ceinture principale pour croiser les orbites des planètes inférieures : les Atens, Apollos et Amors. Ceux qui coupent la trajectoire de la Terre (T) nous menacent.

288

Cette classification selon les positions a l'avantage de mettre un peu d'ordre dans le Système solaire, mais elle ne nous apprend rien sur la nature des objets étudiés.

Classifier les astéroïdes par genre s'est révélé beaucoup plus ardu, presque autant que de maintenir une logique dans leur nomenclature. Le problème vient de leur extrême diversité : quand ils sont rangés selon leur composition chimique ou leur pouvoir réfléchissant (albédo), les petits corps se distribuent dans une bonne douzaine de catégories distinctes. La classification la plus fine est due à Antonella Barucci (1987).

En première approche, on peut considérer que la plupart des astéroïdes appartiennent à trois familles régnantes : les types S, M et C.

289

Les astéroïdes situés sur le bord interne de la ceinture principale, et comptant pour environ 15 % de celle-ci, sont dits de type S, car silicatés. Ils sont constitués de pyroxène (des silicates contenant du magnésium, du fer et du calcium) et d'olivine (silicates de magnésium et de fer) enrobant un noyau de fer-nickel. Leurs minéraux se sont différenciés après avoir été chauffés par les ondes électromagnétiques émanant du Soleil naissant en rotation rapide. Ils sont relativement brillants, puisqu'ils réfléchissent entre 10 et 20 % de la lumière solaire (en termes savants, leur albédo est compris entre 0,1 et 0,2).

290

Prédominant dans la région médiane de la ceinture principale, mais rassemblant moins de 10 % du total, les astéroïdes de type M (M pour « métalliques ») sont des blocs de nickel et de fer qui se sont constitués à la suite de collisions répétées entre astéroïdes d'autres types. Leur couleur d'argent réfléchit la lumière solaire dans les mêmes proportions que leurs cousins du type S.

291

Les astéroïdes de type C (riches en carbone) regroupent les trois quarts de la population de la ceinture. Peuplant les régions périphériques, ils n'ont jamais été chauffés au point de fusion et ne se sont pas différenciés ; ils ont donc conservé l'essentiel de leur composition d'origine, ouvrant aux astronomes une fenêtre sur la formation du Système solaire il y a 4,6 milliards d'années. Ces mélanges de silicates hydratés, de carbone et de composés organiques sont extrêmement sombres (albédo de 3 %).

292

Différenciés ou non différenciés, c'est toute la différence. On appelle non différenciés les corps qui sont restés dans l'état où ils ont été formés, par collisions entre des composants présents dans l'espace. Ce sont des amalgames figés du matériau originel.

On appelle différenciés les corps dont le matériau a été réorganisé après fusion, soit sous l'effet d'une activité géologique interne (pour les corps suffisamment gros), soit sous l'effet d'un chauffage externe (pour ceux qui s'aventurent près du Soleil).

293

Le brillant 4 Vesta est l'un des rares membres connus des astéroïdes de type V. Ceux-ci sont inhabituels en ce qu'ils semblent être constitués de roches basaltiques, vestiges d'anciennes coulées de lave fondue.

Les autres familles rares sont étiquetées A, B, D, E, F, G, P, R, T.

294

Un retour en arrière s'impose maintenant quant à l'origine astéroïdale des météorites (voir § 76 et 77).

Le lien dc parenté entre classes de météorites et familles chimiques d'astéroïdes est établi grâce à leur spectre de réflectivité. Qui dit même spectre dit même composition. On retrouve bien que les astéroïdes de type C engendrent les chondrites carbonées, ceux de type M engendrent les ferreuses, ceux de type S engendrent les ferro-pierreuses (plus spécifiquement les pallasites), ceux de type V les achondrites basaltiques.

295

Astéroïdes, comètes ou lunes ?
Le point de la situation

Les comètes et les astéroïdes sont, avec les satellites des diverses planètes, les principaux petits corps du Système solaire.

Une comète est un gros morceau de glace amalgamée de poussière et de débris rocheux d'une taille de l'ordre du kilomètre. La source supposée des comètes à longue période est le nuage de Oort, une coquille sphérique de débris congelés située entre 40 000 et 100 000 unités astronomiques (l'unité astronomique est la distance Terre-Soleil). Le nuage est situé à la limite extrême de l'influence gravitationnelle du Soleil, à mi-chemin de la plus proche étoile, et l'on pense que lorsque le nuage est perturbé par nos étoiles voisines, des comètes peuvent être projetées dans une orbite solaire. La taille et la structure du nuage de Oort ont été déduites des études statistiques sur les orbites de comètes (on en connaît environ 1 000) ; mais il n'existe aucune preuve directe de l'existence du nuage. Les objets qui le composent sont trop petits et trop sombres pour pouvoir être observés.

Les astéroïdes, aussi appelés « petites planètes », sont des corps rocheux, la plupart desquels gravitent autour du Soleil dans une ceinture comprise entre les orbites de Mars et de Jupiter. Certains astéroïdes suivent des orbites qui les conduisent dans le Système solaire interne, et plusieurs astéroïdes passent de temps à autre à moins de 10 millions de kilomètres de la Terre. Quelques astéroïdes sont placés sur l'orbite de Jupiter, d'autres caracolent au-delà de l'orbite de Neptune.

Jusqu'alors, les astronomes avaient classé les comètes et les astéroïdes en familles distinctes, ayant connu des histoires différentes et de compositions chimiques différentes, mais les données récentes effacent la frontière conceptuelle entre ces deux groupes de petits corps du Système solaire. Plusieurs objets nouvellement découverts, comme Chiron, présentent des caractéristiques qui les désignent à la fois comme des comètes et comme des astéroïdes.

1) Des observations récentes ont révélé l'existence de comètes (pour rappel : des boules de neige sale) sur des orbites astéroïdales, et des astéroïdes (cailloux rocheux et

métalliques) sur des orbites cométaires. Les comètes aussi bien que les astéroïdes peuvent provenir du nuage de Oort et suivre des trajectoires autour du Soleil fortement inclinées, parfois dans le sens rétrograde (inverse de celui des planètes). Leur comportement orbital ne permet donc pas plus que leur constitution physique de faire la distinction entre comètes et astéroïdes. Une chatte n'y retrouverait pas ses petits.

Les tentatives de classer les comètes et les astéroïdes comme des entités distinctes ont échoué et les astronomes doivent maintenant considérer ces objets comme les membres d'une même famille fortement diversifiée : les petits corps du Système solaire. Ajoutez à cela que certains satellites planétaires, plus familièrement appelés lunes, sont très probablement des astéroïdes capturés. Deimos et Phobos (les deux petites lunes de Mars), les huit plus distants satellites de Jupiter, Phoebé (une lune de Saturne), certains satellites récemment découverts autour d'Uranus et de Neptune, sont toutes plus semblables à des astéroïdes qu'aux gros satellites planétaires.

2) Si toutes les comètes étaient des boules de neige congelée, leur densité serait approximativement de 1 gramme par centimètre cube. Or, certaines comètes sont moins denses. On a observé certaines comètes se casser suite aux forces de marée engendrées par le Soleil ou par Jupiter (on désigne ainsi la tension qui naît de la différence dans la force gravitationnelle exercée par un corps massif sur les deux extrémités d'un objet – la face la plus proche subit une attraction plus grande que la face la plus éloignée, c'est ce qui explique les marées mais aussi des fractures dans le cas d'objets ayant une faible cohésion). Plus de deux douzaines d'autres comètes se sont effritées spontanément, à force d'avoir perdu les gaz congelés qui assuraient leur cohésion. On pense donc que des comètes actives (qui s'illuminent à l'approche du Soleil) se transforment en objets inactifs, par épuisement de leurs réserves de glace, et rejoignent les rangs des astéroïdes. Des comètes éteintes à

basse densité peuvent probablement expliquer une fraction significative de la population d'astéroïdes. En somme, certains astéroïdes ne sont que des cadavres de comètes, tandis que d'autres sont tels qu'ils ont toujours été. Voilà qui brouille singulièrement les pistes.

296

Seule une poignée d'astéroïdes a dévoilé son anatomie, à l'occasion d'auscultations à courte distance. Gaspra et Ida ont été photographiés par la sonde Galileo, Mathilde et Éros par la sonde NEAR, Phobos et Deimos par les sondes Mariner 9, Viking, Phobos-2 et Mars Global Surveyor. Enfin, Vesta a montré un peu de sa surface au télescope spatial Hubble.

La comparaison entre ces objets indique une diversité de formes et de compositions surprenante et inattendue, analogue à celle qui a été découverte entre les satellites des planètes géantes au cours des grandes missions spatiales « Voyager » des années 80.

297

Le premier des astéroïdes à avoir été observé de près est 951 Gaspra. Le 29 octobre 1991, le vaisseau spatial Galileo, en route pour Jupiter, est passé près de lui et l'a photographié. Nommé par son découvreur en l'honneur d'une station balnéaire de la péninsule de Crimée, Gaspra est un cylindre rocheux de 20 km de long et 11 d'épaisseur. Sa surface est criblée de cratères d'impact, également baptisés d'après des stations balnéaires et thermales du monde entier.

298

Ida est le deuxième astéroïde qui a été ausculté en détails, le 28 août 1993, par le vaisseau spatial Galileo. Sa taille est plus conséquente que celle de Gaspra : 58 km de long sur 23 de large.

Ida est le nom d'une montagne de l'île de Crète, lieu de pèlerinage classique vers une caverne où, selon la mythologie, Zeus aurait été élevé par la nymphe Ida. L'astéroïde possède un mini-satellite, nommé Dactyl – nom dérivé des Dactyli, un groupe d'êtres mythologiques qui auraient vécu sur le mont Ida et protégé Zeus enfant.

299

Le couple Ida-Dactyl n'est pas exceptionnel. Les astronomes soupçonnent que, parmi les astéroïdes s'aventurant dans les parages de la Terre (et qui ont donc pu être observés de près), un sur six est binaire. Formés au départ d'un seul bloc, ces objets se seraient scindés en deux sous l'effet de la force gravitationnelle exercée par les planètes croisées. Par exemple, 2000 DP107 comprend deux rochers de 300 et 800 m de diamètre, éloignés de seulement 3 km. Le plus petit tourne autour du plus gros en 42 heures.

300

L'os de Cléopâtre

En pointant le puissant radiotélescope d'Arecibo, à Porto Rico, sur la ceinture principale d'astéroïdes, les chercheurs ont eu la surprise de découvrir que l'un d'entre eux, dénommé 216 Cléopâtre, présente la forme d'un gros os pour chien. Un os qui vogue à 171 millions de kilomètres de la Terre, et possède des mensurations propre à faire rêver les toutous : 217 km de long, 94 km de large et 80 km d'épaisseur. Rien de bien comestible cependant. Sa forte capacité à réfléchir les échos radar et sa coloration indiquent qu'il est composé essentiellement de nickel et de fer. Ce sont les compagnies minières qui peuvent se prendre à rêver devant cette mine volante.

Cette allure bizarre est probablement le fruit d'une très violente collision entre deux astéroïdes. Ceux-ci ne se seraient pas complètement brisés au moment de l'impact, et le choc n'aurait pas dispersé tous leurs fragments.

Le galbe de Cléopâtre est à ajouter au bestiaire des formes exotiques des astéroïdes. Geografos a l'allure d'un cigare, Castilia est formé de deux boules accolées, Hector fait des haltères. Une diversité d'aspects due à l'histoire ancienne et très agitée de ces petits corps célestes. Leur apparence et leur structure découlent pour l'essentiel de la physique des collisions.

301

Il faut imaginer un jeu de billard en trois dimensions, et dont les boules seraient animées de mouvements tellement rapides qu'elles s'encastrent l'une dans l'autre en cas de choc. Sur une table de billard terrestre, il faudrait utiliser des boules de mozzarella pour produire ce genre d'amalgame. Dans le billard cosmique, la vitesse des corps célestes est telle que roches et métaux se comportent comme des boulettes de fromage.

302

Amour et cacahuète

Vue de loin, la divinité de l'amour, 433 Éros pour les intimes, ressemble à une cacahuète de 33 km de long sur 13 km de large. En son milieu elle exhibe une cavité large de 6 km, dans laquelle un rocher de 50 m de diamètre a roulé sa bosse, malgré la très faible pesanteur qui règne à sa surface. La force qui retient les objets sur Éros ne vaut qu'un millième de celle qui règne sur la Terre : un balourd de 80 kg se sentirait tout léger, 80 g à peine. Ainsi les amoureux vivent-ils dans un monde notoirement moins pesant que le *vulgum pecus*. Plus rien ne peut les accabler. Mais notez bien que sur un astre minime tel qu'Éros, il faut prendre garde à ne produire aucun geste intempestif, et surtout pas de bond, sous peine de se trouver propulsé dans l'espace sans espoir de retour. Les liens, plus c'est léger, plus c'est bon… et plus c'est fragile.

303

Éros est un Amor. Découverte en 1898, elle s'approche régulièrement de nous. Trois fois par siècle, Éros passe à moins de 20 millions de kilomètres de la Terre. Cette distance, apparemment énorme, est faible du point de vue astronomique. Mais, n'en déplaise aux oiseaux de malheur, Éros ne croisera jamais l'orbite de la Terre pour s'y écraser en une étreinte mortelle.

304

L'art du 14 février

Éros ne vient pas à nous, mais nous allons à elle. Le lundi 14 février 2000, la sonde américaine NEAR (sigle de Near Earth Asteroid Rendez-Vous ; en anglais, le mot near signifie « proche ») s'est satellisée autour d'Éros, et a entamé une danse nuptiale qui a duré un an. À la fin, satisfait de ses photos, le vaisseau est descendu et s'est posé en douceur sur sa surface pour acquérir des images à plus haute résolution. Cela s'est à nouveau passé le 14 février 2001, jour de la Saint-Valentin (car les Américains sont d'indécrottables sentimentaux doublés de remarquables ingénieurs). La sonde a continué à émettre des bips, mais les émissions érotiques ont cessé le 28 février 2001.

305

Un autre intérêt de l'étude des petits corps réside dans leur potentiel économique. Les ressources sur Terre ne sont pas inépuisables, et l'on pourrait envisager, dans un futur proche, d'exploiter les richesses minières des astéroïdes. Quant aux comètes, elles constituent d'énormes réserves d'hydrocarbures congelés qui pourraient servir de combustible. Le noyau de la comète de Halley, qui revient tous les 76 ans dans les parages de la Terre, contient l'équivalent de 1 000 ans de consommation de pétrole.

306

En 1986, Thomas Paine, directeur de la NASA, avait prophétisé que le développement économique de la Lune, des astéroïdes et de Mars serait la principale source d'investissement du siècle prochain.

Nous y voici, au XXIe siècle, et nous n'avons encore rien vu venir, sinon un regain des conflits internationaux et la chute des marchés de capitaux. Mais les études prospectives sur l'exploitation commerciale de l'espace sont allées bon train.

Bientôt, l'odyssée de l'espace n'aura plus pour acteurs des militaires et des scientifiques, mais des marchands et des prospecteurs d'astéroïdes. Une mission sur une petite planète pourrait être économiquement rentable. La ruée vers l'or du XXIe siècle se jouera dans le milieu interplanétaire, tout comme celle du XIXe avait eu la Californie pour théâtre.

L'espace ne sera plus seulement du ressort gouvernemental. Ce sera un endroit comme un autre dont les entrepreneurs privés exploiteront les ressources naturelles et les possibilités commerciales. Un immense marché qui dépassera les 100 milliards de dollars dès le milieu du siècle.

307

Certains entrepreneurs, partant de l'idée que le privé peut faire mieux, plus vite et moins cher, veulent bâtir des mini-NASA privées, utilisant du matériel éprouvé et bon marché.

La cible ultime est constituée des quelque 10 000 astéroïdes identifiés à ce jour dans la ceinture flottant entre Mars et Jupiter. Un grand nombre de ces astéroïdes sont des blocs de métaux purs, des roches où la concentration en or, platine, cobalt et autres métaux rares est de dix à cent fois supérieure à celle des mines terrestres. Les minéralogistes ont calculé qu'un kilomètre cube d'astéroïde de type M, c'est-à-dire métallique, contient 7 milliards de tonnes de fer, 10 milliards de tonnes de nickel, et suffisamment de cobalt pour satisfaire la consommation mondiale pendant 3 000 ans. Son exploitation pourrait rapporter cinq mille milliards de dollars.

308

Les mines de 5523 Luminet ne sont cependant pas pour demain. À ce jour, nul n'a encore trouvé comment extraire du minerai ou forer un rocher en gravité quasi nulle. Chaque coup de marteau aurait pour résultat de vous propulser dans l'espace, puisque la force de gravité du rocher que vous attaquez est bien plus faible que la force appliquée par le coup.

309

Une fois résolu le problème du forage, il reste à savoir s'il vaut mieux descendre à la mine ou la faire descendre vers nous ! La question intéresse de grandes sociétés industrielles, qui ont engagé des programmes de recherche sur le sujet. Selon les astronomes et les ingénieurs, l'approche la plus efficace en termes de coût consisterait à entourer l'astéroïde d'un filet et à le ramener au niveau de l'orbite terrestre à l'aide d'un chalutier cosmique. Le filet serait immatériel, tissé par les lignes d'un puissant champ électromagnétique engendré par des aimants. Quant au chalutier, il serait équipé d'un réacteur alimenté en combustible par l'astéroïde lui-même, éjectant vers l'arrière des fragments à très grande vitesse. Ce mode de propulsion consommerait environ un quart de l'astéroïde en transit, mais il resterait suffisamment de matériau brut pour faire plusieurs fortunes terrestres.

310

Les astéroïdes pourront constituer d'avantageuses bases spatiales de précolonisation du Système solaire. En effet, grâce à leurs ressources minières, ils peuvent pourvoir les colons en matériaux de construction et satisfaire leurs besoins en eau, carbone et azote. Les premières missions commerciales d'exploitation des ressources spatiales viseront probablement des astéroïdes-icebergs. On pourra en faire fondre la glace pour obtenir de l'eau. Et à partir de l'hydrogène et de l'oxygène, fabriquer le carburant qui fournira de l'énergie aux vaisseaux en partance pour Mars et au-delà. Vu leur faible gravité, l'énergie requise pour les quitter est beaucoup plus faible que celle nécessaire pour quitter la Terre. Steven Ostro, chercheur au Jet Propulsion Laboratory, a proposé à la NASA d'étudier pour 2015 une mission d'extraction de l'eau qui abonde sur l'astéroïde 1998 KY 26, boule de glace qui pourrait servir de station-service sur la route de Mars.

311

L'exploitation des ressources de l'espace, pour les besoins des habitants de la Terre ou ceux des astronautes, sera sans aucun doute l'un des jalons marquants dans l'aventure de l'humanité. Jusqu'au jour d'aujourd'hui, nous avons toujours été tributaires des richesses que notre planète pouvait nous donner. Mais bientôt, nous commencerons à nous affranchir du sol où nous sommes nés. Nous puiserons dans le reste du Système solaire les moyens supplémentaires de nous développer et de persévérer dans notre exploration de l'Univers. Un jour, il sera sans doute banal de capturer un astéroïde en route vers Saturne ou Jupiter, exactement comme les paquebots d'aujourd'hui peuvent remorquer un iceberg pour s'assurer une réserve d'eau douce.

CHAPITRE 7

Vermine du ciel

Ainsi que les rochers qui du haut des montagnes
Roulent dans les campagnes,
Les astres l'un sur l'autre un jour s'écrouleront.

Antoine-Léonard THOMAS,
Ode sur le Temps (1762)

312

Communiqué de presse du 21 juin 2002

Un astéroïde de la taille d'un terrain de football a manqué de peu s'écraser sur la Terre la semaine dernière, passant seulement à 120 000 km du globe. À ce jour, c'est le passage le plus proche de la planète qui ait jamais été recensé pour un corps céleste de cette taille.

L'astéroïde 2002 MN, d'un diamètre compris entre 50 et 120 m, se déplaçait à plus de 38 000 km/h lorsqu'il a été repéré, trois jours après son passage à côté de la Terre, le 14 juin 2002.

« Au cas peu probable où l'astéroïde se serait écrasé sur une région peuplée de la Terre, cela aurait causé des pertes humaines considérables », a déclaré Grant Stokes, le principal chercheur du projet Near Earth Asteroid du Laboratoire Lincoln, dont les observatoires du Nouveau-Mexique ont repéré le corps céleste. « La libération d'énergie aurait été de l'ampleur d'une importante arme nucléaire. »

313

Ces derniers temps, ce genre d'annonce à sensation fait régulièrement la une des journaux. La comparaison de l'astéroïde avec un terrain de football n'est qu'une façon de rappeler qu'en juin 2002, trois milliards de bipèdes (le plus souvent masculins) se sont passionnés pour la course d'un petit ballon rond. Mais il pourrait bientôt se faire que six milliards de bipèdes, tous sexes confondus, s'inquiètent d'une boule rocheuse autrement plus grosse, propulsée dans les filets de notre belle planète par le buteur fou nommé Kirkwood (celui qui a expliqué les « trous » dans la ceinture principale par l'influence de Jupiter).

Car, répétons-le, plus de 100 millions d'objets dépassant les 10 m de diamètre sillonnent le Système solaire interne. Quelques-uns d'entre eux peuvent entrer en collision avec la Terre. Certes, les plus gros, les « astéroïdes tueurs » de 1 km et plus, sont rares. Mais ils existent ! Et, tôt ou tard, ils frapperont, comme par le passé.

314

Cet astéroïde repéré après coup est l'un des plus dangereux à nous avoir filé sous le nez. Il se classe deuxième au hit-parade des frôleurs cosmiques, juste après 1994 XM1 qui était passé à 105 000 km le 9 décembre 1994. Moins du tiers de la distance Terre-Lune : un cheveu à l'échelle du Système solaire.

315

Ces bolides indésirables sont monnaie courante, et déboulent généralement sans prévenir. Le 7 janvier 2002, un astéroïde de 300 m est passé à 800 000 km de la Terre.

Les astronomes de la NASA n'ont découvert sa présence que le 26 décembre 2001, soit une dizaine de jours avant son passage. Si leurs calculs avaient montré qu'il se dirigeait droit sur la Terre, il aurait été impossible d'éviter la catastrophe en essayant de détourner l'astéroïde de sa trajectoire. Tout au plus aurait-on eu le temps de déclencher l'évacuation de la zone menacée. L'impact aurait dévasté l'équivalent de la Belgique et provoqué de sérieux dégâts à des centaines de kilomètres à la ronde.

316

Un bolide de 1 km de diamètre, aperçu pour la première fois le 23 février 1950 croisant à 8 millions de kilomètres de la Terre, et baptisé 1950 DA, a été observé pendant 17 jours puis a disparu. Le 31 décembre 2000, un objet qui venait d'être baptisé 2000 YK66 s'est avéré ne faire qu'un seul avec 1950 DA. Grâce aux mesures de position et de vitesse séparées de 51 années, on a pu calculer sa trajectoire. Il devrait passer à 290 000 km de la Terre le samedi 16 mars 2880. Compte tenu de l'imprécision des données, il y aura une « chance » sur 300 pour qu'un impact avec la Terre ait lieu. La collision pourrait détruire des pays entiers, engendrer des raz de marée et provoquer de gigantesques incendies ravageant un continent.

317

Fin 1997, l'astronome américain James Scotti détecte l'astéroïde 1997 XF11 dans le cadre d'un programme de surveillance du ciel à l'université d'Arizona. L'objet céleste est suivi durant 88 jours par diverses équipes, afin que son orbite puisse être établie.

Le 11 mars 1998, Brian Marsden, l'influent directeur du Bureau central des télégrammes astronomiques, expédie un courrier électronique à un certain nombre de correspondants, pour indiquer que 1997 XF11 se rapprochera de la Terre en 2028. Puis il adresse aux journalistes scientifiques un communiqué de presse, précisant que « les risques d'une collision sont faibles, mais ne peuvent pas être totalement écartés ». Titres de fin du monde assurés. Le lendemain 12 mars 1998, l'information s'étale à la une des journaux du monde entier : le 26 octobre 2028, l'astéroïde 1997 XF11 croisera la route de la Terre à 18 h 30 GMT.

Pendant les 24 heures qui suivent, les astronomes se succèdent sur les plateaux de télévision pour commenter la nouvelle. « Pour l'instant, nous sommes certains que l'astéroïde va passer dans un cercle de 200 000 km de diamètre, où se trouvera la Terre. Imaginez un cercle de 2 m et une cible de 12 cm à l'intérieur. C'est nous », résume efficacement notre chasseur d'astéroïdes national Alain Maury, dans les colonnes de *Libération*.

Les astronomes estiment que la taille de 1997 XF11 est comprise entre 0,5 et 3 km, ce qui laisse la place pour une grande diversité de scénarios quant aux conséquences d'un impact éventuel.

Mais le jour même, au Jet Propulsion Laboratory de la NASA, à Pasadena, Eleanor Helin retrouve la trace de l'astéroïde sur des photographies prises en 1990 au télescope du mont Palomar. L'intégration de ces nouvelles données, portant à huit ans l'historique des points d'observation, complète alors les calculs de trajectoire, et une nouvelle annonce stoppe net le flot des commentaires alarmistes. « L'astéroïde 1997 XF11 devrait passer bien au-delà de la distance Terre-Lune, à une distance de 960 000 km, et le risque de collision est maintenant égal à zéro », affirment le vendredi 13 mars Donald Yeomans et Paul Chodas, responsables au Jet Propulsion Laboratory du groupe « Dynamique du Système solaire ».

Dans une déclaration au *New York Times*, Brian Marsden modère son premier propos : « Au vu des dernières données analysées, la probabilité d'un impact semble beaucoup plus faible qu'elle ne l'était hier, mais elle n'est pas tout à fait nulle. » L'alerte à l'astéroïde tueur a fait long feu. Mais dans un cas pareil, rares sont les médias assez consciencieux pour publier un démenti. Ce qui compte, c'est frapper les imaginations par des annonces sensationnelles, qui passeront pour la plupart à la trappe sans une explication. Ainsi apprenons-nous à vivre dans une bousculade d'inquiétudes, puisque telle est la recette qui fait vendre.

318

Laissez errer là-haut la torche funéraire ;
Ne questionnez point sur son itinéraire
Ce fantôme, de nuit et de clarté vêtu ;
Ne lui demandez pas : Où vas-tu ? D'où viens-tu ?

Victor Hugo[1]

319

Le communiqué de presse évoquant l'éventualité d'un impact avec 1997 XF11, même pour souligner sa faible probabilité, était certainement abusif. La possibilité d'une collision n'est jamais à exclure, mais le risque qu'elle se produise avec XF11 est tout aussi infinitésimal que celui présenté par n'importe quel autre astéroïde vagabond. Était-il donc nécessaire d'affoler les populations ? Une polémique à ce sujet a divisé la communauté scientifique. Il semble que, dès le 11 mars, avant même l'analyse des photographies de 1990, l'idée de collision était déjà écartée. Or, Marsden a quand même publié le communiqué alar-

1. « La comète » (extrait), dans *La Légende des Siècles*, 1874.

miste. En fin politique, il a jugé que cette affaire attirerait l'attention sur le financement des études sur les astéroïdes dangereux, mieux que ne l'avait fait un rapport officiel présenté par David Morrison en 1992. De fait, au lendemain de l'annonce, le président de la chambre des représentants du comité pour l'espace a rencontré Bill Clinton. Il lui a demandé de lever le veto de la Maison-Blanche sur le projet de financement par le Département de la Défense de Clémentine-2, un vaisseau spatial devant tester la technologie applicable à l'interception des astéroïdes. La NASA a annoncé dans le même temps que son financement pour la recherche dans ce domaine passait à 3 millions de dollars par an… La grande peur de l'astéroïde a bel et bien fait pleuvoir les dollars !

320

Un peu de terminologie

Le terme NEO (acronyme de l'anglais Near-Earth Objects) désigne les petits corps du Système solaire dont l'orbite est proche de celle de la Terre. Ce groupe contient environ 500 comètes, mais la plupart sont des astéroïdes, les NEA (Near-Earth Asteroids). Ce sont ces objets qui présentent un danger de collision potentiel avec la Terre, et qui doivent être étroitement surveillés.

On connaît plus de 1 000 NEA à ce jour, mais plusieurs dizaines de milliers seront encore répertoriés au XXIe siècle, au fur et à mesure des observations. Comme nous l'avons vu, les NEA vont en trois familles : les Atens, les Apollos et les Amors. Mais seuls les Atens et les Apollos risquent de croiser vraiment l'orbite terrestre. On les appelle *géocroiseurs* (en anglais ECA, Earth Crossing Asteroids). Selon la définition des astronomes, tout corps céleste s'approchant de la Terre à moins de 45 millions de kilomètres est un géocroiseur.

Pour resserrer encore le filet autour de nous, l'attention

se focalise enfin sur les PHA (Potentially Hazardous Asteroids) ou, en français, APD (Astéroïdes Potentiellement Dangereux), ceux dont la trajectoire s'approche à moins de 7,5 millions de kilomètres de la Terre et dont le diamètre dépasse 130 m. Les APD sont minoritaires parmi les géocroiseurs (environ 1 NEA sur 5 est un APD). Le plus gros est Ganymède (à ne pas confondre avec le satellite de Jupiter), qui mesure 40 km. Les plus petits, détectés à condition qu'ils soient assez brillants, n'excèdent pas 5 à 10 m.

Il doit y avoir plusieurs milliers de géocroiseurs plus gros que 1 km de diamètre, mais quelques centaines seulement ont des orbites calculées. Au cours du millénaire à venir, tous sont susceptibles de percuter la Terre et de provoquer une catastrophe écologique majeure.

321

Prochains passages de gros géocroiseurs

Objet	*Diamètre (m)*	*Date de passage*	*Distance à la Terre (km)*
4179 Toutatis	2 800	29/9/2004	1 560 000
1999 AQ10	260-580	18/2/2009	1 770 000
1998 HH49	160-370	17/10/2023	1 185 000
1999 AN10	800-1 800	7/8/2027	390 000
1997 XF11	1 500-3 400	26/10/2028	930 000

Ces distances inquiètent les spécialistes. En effet, les vagabonds célestes ont des orbites très chaotiques, et la moindre perturbation gravitationnelle, occasionnée lors de leur passage près de la Terre ou de Mars, peuvent les précipiter sur notre planète.

322

Généralement, les géocroiseurs sont découverts lorsqu'ils passent au plus près de nous. De petite taille pour leur grande majorité (de l'ordre du kilomètre de diamètre maximum), c'est à ce moment-là qu'ils brillent le plus et sont donc détectés facilement. Étant donné leur proximité, ils se déplacent sensiblement dans le ciel, et apparaissent sur les photographies à long temps de pose sous la forme de longues et fines traînées. Connaissant leur éclat et leur distance (après reconstitution de leur orbite), les astronomes sont en mesure de calculer leur grosseur.

323

Jusqu'à présent, les astéroïdes connus avaient une trajectoire qui se situe en partie du côté opposé au Soleil, et pouvaient donc être vus lors de leur approche de l'orbite terrestre. Mais les astronomes ont déniché un APD en juillet 1998, baptisé 1998 DK36, dont l'orbite se situe entièrement entre le Soleil et la Terre. D'environ 40 m de diamètre, il passe à plus d'un million de kilomètres de la Terre. Cette observation apporte la preuve que de tels astéroïdes existent mais nous sont restés invisibles parce que nous sommes éblouis par le Soleil. Il doit y en avoir un très grand nombre, et certains d'entre eux seraient capables de nous tomber dessus sans crier gare, comme un agresseur qui choisit d'attaquer par-derrière.

C'est pourquoi l'Agence spatiale européenne (ESA) projette le lancement vers 2010 de la sonde Gaïa, un instrument qui pourra observer un champ jusqu'à 40° du Soleil sans être ébloui. Cela permettra de détecter des astéroïdes gravitant entièrement à l'intérieur de l'orbite terrestre.

324

Parmi les NEO il faut compter environ 500 comètes, qui peuvent elles aussi venir frôler la Terre. Une douzaine se présentent chaque année de façon impromptue dans le Système solaire interne. L'estimation du danger potentiel d'une collision avec ces comètes inopinées est un exercice très délicat, à cause de leur nombre très élevé, du fait qu'elles peuvent surgir n'importe où et n'importe quand, et parce que le plus souvent elles ne deviennent visibles que lorsqu'elles sont déjà proches de nous. De plus, elles se déplacent à très grande vitesse, à peu près deux fois plus vite que les astéroïdes.

325

Et soudain, comme un spectre entre en une maison,
Apparut, par-dessus le farouche horizon,
Une flamme emplissant des millions de lieues,
Monstrueuse lueur des immensités bleues,
Splendide au fond du ciel brusquement éclairci ;
Et l'astre effrayant dit aux hommes : « Me voici ! »

Victor HUGO[1]

326

Les comètes qui ont frôlé la Terre depuis l'an 837

Nom	*Distance (km)*	*Date*
Lexell	223 500	07/1770
Tempel-Tuttle	340 000	10/1366
Iras-Araki-Alcock	460 000	05/1983
Halley	495 000	04/837
Biela	542 000	12/1805

1. *Ibid.*

327

Il y a trente ans, nous ne connaissions que très peu d'astéroïdes géocroiseurs. Aujourd'hui, nous pensons connaître tous les géocroiseurs de taille supérieure à 10 km, environ 10 % de ceux dont le diamètre est compris entre 1 et 10 km, et à peine quelques millionièmes de ceux dont la taille est inférieure à 1 km. Notre civilisation est-elle menacée par un « impacteur » cosmique dans un proche avenir ? La réponse est OUI. Nous avons évité de peu des catastrophes humaines lors d'impacts récents (la Tunguska en 1908, le Groenland en 1997). Bien qu'à tout instant la probabilité de collision soit très faible, la Terre finira tôt ou tard par être frappée par un gros bolide cosmique. Quand et où le prochain impact d'envergure se produira-t-il ? La reconnaissance de cette menace potentielle a poussé la communauté scientifique à s'organiser pour connaître, évaluer et mesurer le risque. En premier lieu, il faut estimer la fréquence moyenne des impacts.

328

Dans la mesure où les gros astéroïdes sont beaucoup moins nombreux que les petits, la fréquence moyenne d'impact avec la Terre diminue rapidement avec la taille. Ces fréquences ne sont pas faciles à déterminer avec précision, mais elles sont fondées sur le nombre supposé de géocroiseurs, ainsi que, pour les plus gros d'entre eux, sur les astroblèmes terrestres que leurs impacts passés ont laissés.

329

Les impacteurs de 50 m, capables de provoquer des événements du type Tunguska, Groenland ou Meteor Crater, surviennent avec une fréquence moyenne d'un ou deux par siècle.

330

Tous les mille ans en moyenne, un astéroïde de 100 m frappe la Terre en libérant une énergie équivalente à 100 mégatonnes.

331

Tous les 300 000 ans environ, la Terre subit une collision avec un astéroïde de taille kilométrique. À une vitesse typique de 25 km par seconde, l'énergie dégagée équivaut à celle d'une bombe de 100 000 mégatonnes (supérieure à l'arsenal nucléaire mondial), et le cratère créé peut atteindre 20 km de diamètre. La structure connue la plus récente de cette taille est celle de Zhamansin, au Kazakhstan, qui date d'un million d'années. Un impact de cette nature projetterait tellement de poussières et de cendres dans la stratosphère qu'en masquant la lumière du Soleil, il ferait disparaître plusieurs saisons d'affilée, provoquant épidémies et famine.

332

La fréquence moyenne d'impact avec un astéroïde ou une comète de 10 km est de l'ordre de un tous les 100 millions d'années. Rappelons qu'il s'agit de la taille critique à partir de laquelle le volume de poussières injectées dans l'atmosphère terrestre est capable de plonger la planète dans un long hiver astéroïdal et de provoquer des extinctions massives.

333

Bien que les risques statistiques d'une collision cosmique majeure soient faibles, leurs conséquences sont trop importantes pour être ignorées. En cas de menace astéroïdale, comment informer l'opinion publique sans l'effrayer ? L'évaluation des risques se gradue selon l'échelle de Turin (*cf.* § 212). Au degré 0 (ou zone blanche), le risque est nul. Au degré 1 (zone verte), l'intrus doit être surveillé attentivement. Les degrés 2 à 4 (zone jaune) correspondent à des cas jugés « inquiétants ». De 5 à 7 (zone orange), la probabilité de collision devient importante, et l'astéroïde constitue une vraie menace pour la civilisation. Enfin, la zone rouge (degrés 8 à 10) traduit une collision certaine, suivie d'effets ravageurs.

Les deux mille géocroiseurs actuellement recensés se situent dans la zone blanche de l'échelle de Turin, à l'exception d'une mince poignée égarée dans la zone verte, parmi lesquels 1997 XF11 qui a fait couler tant d'encre, 2002 LY45, une boule rocheuse de 1,5 km de diamètre devant nous frôler en 2030, et 1997 XR2, autre caillou de 230 m dont la visite est prévue pour 2101. Aucun ne se trouve dans les zones de risque supérieur. Ce qui est plutôt rassurant, mais ne dispense nullement de prendre certaines précautions…

334

Un récapitulatif édifiant

Diamètre de l'impacteur	*Fréquence moyenne d'impact*	*Conséquences*
10 cm à 10 m	200 par an	Les météorites brûlent en général dans l'atmosphère. Leurs chutes peuvent toutefois endommager des objets comme une automobile ou une toiture. Les accidents mortels sont rarissimes.
50 m	Un par siècle	Cataclysme local (degré 8 échelle de Turin). Exemples connus : impact du Meteor Crater (il y a 50 000 ans) ou explosion de la Tunguska (1908). Risques : pertes humaines équivalentes à une inondation ou à un grand tremblement de terre.
100 m	Un par millénaire	Un impact continental détruit une zone de la taille d'une ville. Un impact océanique soulève une vague de 35 m de haut et un raz de marée inonde les pays en bordure de l'océan.
500 m	Un tous les 100 000 ans	Les impacts terrestres détruisent un État de taille moyenne. Les impacts océaniques causent de grands tsunamis.
1 km	Un tous les 300 000 ans	Cataclysme régional (degré 9 échelle de Turin). Destruction de grands États. Pertes humaines : 100 millions de morts
10 km	Un tous les 100 millions d'années	Cataclysme planétaire (degré 10 échelle de Turin). Extinction de masse.

335

Zone rouge

Il est peu probable que les impacts de degrés 8 et 9 sur l'échelle de Turin aient de sérieuses répercussions sur la biosphère et provoquent des extinctions massives. La composante la plus fragile de l'environnement actuel est la civilisation humaine moderne, qui est très dépendante pour sa survie d'une infrastructure organisée et technologiquement complexe. Bien que l'on pense rarement aux civilisations à l'échelle de millions d'années, il n'y a guère de doute que, si la civilisation dure aussi longtemps, elle souffrira considérablement d'un impact, et sera peut-être même détruite.

336

Étranges statistiques…

Dans le tableau ci-dessus, nous lisons que l'impact d'un corps céleste de plus de 500 m de diamètre, n'importe où sur la planète, serait suffisant pour menacer sérieusement notre civilisation, et la probabilité qu'une telle collision se produise est d'environ 1 sur 100 000 par an. Bien que ce risque semble faible, il faut se rappeler que les risques de mourir dans un accident d'avion sont d'environ 1 sur 100 000 par an également. En d'autres termes, les risques de mourir dans une collision fatale avec un objet venant de l'espace ou dans un accident d'avion sont à peu près équivalents !

À première vue, cela peut paraître étrange. Nous avons tous entendu parler de gens décédés dans un accident aérien, mais jamais de victimes d'une collision avec un astéroïde ou une comète. L'explication de ce paradoxe est simple : lors de l'impact d'un corps céleste, les risques de succomber sont très élevés pour tout le monde, alors que dans un accident d'avion, seuls les passagers de l'appareil sont visés (sauf exceptions). En d'autres termes, les collisions cosmiques, même si elles sont rares, affectent le monde entier et sont donc très graves. À l'opposé, les accidents d'avions, même s'ils tuent peu de personnes à la fois, sont beaucoup plus fréquents. Ceci compense cela, sur le très long terme… (c'est ce que j'appelle un raisonnement spécieux, qui montre comment on peut manipuler les statistiques).

337

Vous avez donc autant de chances de mourir dans un accident d'avion (où peu de gens meurent souvent) que dans une catastrophe cosmique (où tout le monde meurt d'un coup). Mais il vaut quand même mieux s'occuper d'assurer la sécurité des avions avant de penser à dévier les astéroïdes !

338

Dès 1981, différents groupes de recherche sur la détection des géocroiseurs s'organisent. Le programme Spacewatch, initié par l'astronome Tom Gehrels, de l'université d'Arizona, commence à observer le ciel en continu, prenant pour cible des astéroïdes de la ceinture principale avec un vieux télescope de 1 m à Kitt Peak (Arizona), remis au goût du jour avec une caméra CCD. Chaque nuit, Spacewatch épie des centaines d'objets, un millième d'entre eux étant des NEA.

En 1989, année charnière, Spacewatch détecte son premier géocroiseur (1989 UP). Dans l'année qui suit a lieu la première découverte d'un NEA de façon automatisée. En avril de la même année, un comité technique des affaires spatiales américaines publie sa prise de position officielle.

Cette publication est accélérée par le passage imprévu, en mars 1989, de l'astéroïde 1989 FC. Cet APD ayant croisé l'orbite terrestre à 700 000 km de distance n'a été découvert qu'après son passage. D'une taille de l'ordre de 500 m, sa collision avec la Terre aurait produit une catastrophe sans précédent dans l'histoire humaine.

Suite à cette publication, le Congrès américain demande la mise en place de deux groupes de travail. L'un pour étudier les coûts, l'échéancier, les méthodes et les technologies d'un programme permettant une augmentation significative du taux de découverte des géocroiseurs. L'autre pour développer la méthodologie et la technologie permettant de modifier la trajectoire de ces astéroïdes, ou de les détruire de manière à éliminer la menace pour la vie sur Terre.

339

En 1992, David Morrison, du Ames Research Center de la NASA, publie son rapport sur la première étude. Selon lui, 90 % des géocroiseurs de plus de 1 km ne sont pas identifiés, et un financement annuel de 5 millions de dollars pendant dix ans serait nécessaire pour repérer toute menace en temps utiles. Or la NASA y consacre à peine plus de 1 million de dollars par an. Ce genre de recherche souffre donc d'un manque de moyens criant. Morrison propose de développer un réseau international de télescopes spécialement conçus pour détecter et cataloguer 90 % de tous les géocroiseurs de plus de 1 km de diamètre dans les 25 années à venir. Ce réseau de surveillance « Spaceguard », nommé d'après un roman de science-fiction d'Arthur C. Clarke, *Rendez-vous avec Rama*, publié en 1973, exige une demi-douzaine de télescopes de 2,5 m – taille minimale pour détecter un astéroïde de 1 km de diamètre à une distance de 200 millions de kilomètres – disposés tout autour du globe.

340

Une étude complémentaire, présidée par Eugene Shoemaker, de l'Observatoire Lowell, et achevée en 1995, conclut que les progrès accomplis dans l'acquisition d'images permettraient de recenser tous les géocroiseurs de 1 km en 10 ans, pour un coût total de moins de 50 millions de dollars. Mais contre toute attente, la NASA recommande au Congrès l'abandon du programme de surveillance pour des raisons budgétaires.

341

Entre-temps, un événement astronomique majeur galvanise la communauté scientifique : en juillet 1994, la comète Shoemaker-Levy plonge dans Jupiter, engendrant des jets de feu de 3 000 km de haut. Le phénomène, suivi depuis la Terre par des millions d'astronomes amateurs équipés de modestes télescopes, et relayé par les médias, fouette l'intérêt de la population pour les catastrophes cosmiques. Dès lors, le milieu scientifique entre en effervescence et différentes organisations proposent d'investir dans un système de détection qui accélérera la découverte des géocroiseurs.

342

Du côté européen, le 26 mars 1996, à Rome, l'assemblée parlementaire du Conseil de l'Europe vote une résolution invitant les gouvernements des États membres et l'Agence spatiale européenne (ESA) à se préoccuper du problème des géocroiseurs. La première « Spaceguard Foundation » voit le jour, regroupant des astronomes du monde entier. Le réseau de Spaceguard couvre aujourd'hui l'hémisphère nord. Le bureau principal est situé en Italie, les groupes qui y sont rattachés se trouvent en Angleterre, au Japon, au Canada, aux États-Unis, en Chine, au Japon. L'Australie, elle, avait interrompu ses programmes en 1996 après six ans de travail, de sorte que les géocroiseurs ne sont plus pistés dans l'hémisphère sud !

343

En France, le seul télescope dédié à la traque des astéroïdes se trouvait à l'Observatoire de la Côte d'Azur, près de Nice. Alain Maury l'a exploité de 1989 à 1999, mais son programme d'observation a été supprimé au début de l'an 2000 pour des raisons budgétaires, après la découverte de quelque 400 astéroïdes.

Le budget total que l'Europe consacre à la détection des géocroiseurs ne dépasse pas les 100 000 euros. Une goutte d'eau au regard de programmes spatiaux comme la Station spatiale internationale, qui coûte plusieurs dizaines de milliards de dollars. Pourtant, de plus en plus d'astronomes prennent très au sérieux les risques de collision d'un astéroïde avec la Terre. Mais comment convaincre les politiques d'en faire autant ?

344

Les médias produisent des films et des documentaires qui stimulent la prise de conscience du public au sujet d'une possible catastrophe cosmique. Les citoyens font alors pression sur les gouvernements pour que ceux-ci prennent des mesures de protection concrètes. La pression grandissante force les gouvernements à répondre, par exemple, par une plus grande allocation de moyens. Cela peut parfois permettre d'entreprendre des projets qui avaient été écartés à cause de contraintes budgétaires. La chronique d'une catastrophe annoncée par Brian Marsden le 11 mars 1998 à propos du futur passage du géocroiseur 1997 XF11 s'inscrivait pleinement dans cette stratégie…

345

Films catastroph(iqu)es

Plusieurs films ont été réalisés sur le thème de la menace d'une destruction de la Terre par une collision, soit avec un gigantesque astéroïde, soit avec une comète, voire avec une autre planète. La plupart du temps, ce sont les États-Unis qui sont visés (mais chacun sait qu'ils représentent à eux seuls la planète).

Mon année de naissance, 1951, a vu naître aussi *Le Choc des mondes (When Worlds Collide)*, en Technicolor et beaux décors. Deux planètes se dirigent vers la Terre. L'une d'elles entre en collision, l'autre passe à un cheveu. Il faut sauver quelques humains, les bons de préférence. Les mauvais périssent, mais en fin de film leur ultime sacrifice les rachète quelque peu aux yeux des ligues familiales. Les rescapés atterrissent sur la nouvelle planète, où ils pourront rebâtir la civilisation, avec probablement les mêmes défauts. Le film a été produit par George Pal et réalisé par Rudolph Mate. Manhattan, symbole de la puissance américaine, est submergé de façon spectaculaire, d'où un Oscar pour les effets spéciaux.

Le danger vient de l'Espace (La morte viene dallo Spazio), 1958, est un petit film en noir et blanc réalisé par le cinéaste italien Paolo Heusch. Le chef opérateur n'est autre que Mario Bava, qui s'est plus tard illustré dans le film d'horreur. Cette fois, c'est une poignée d'astéroïdes qui se dirige droit vers la Terre. Les Américains et les Russes, oubliant pour un temps la guerre froide, joignent leurs forces et envoient dans l'espace un barrage de missiles nucléaires.

Le même scénario, étalé sur 103 minutes, est repris dans

Meteor, réalisé par Ronald Neame en 1979, avec Sean Connery et Nathalie Wood, en scope et couleurs. Le docteur Bradley est un astrophysicien en charge d'un projet appelé Hercule. Il s'agit d'un plan de défense de la Terre contre tout corps spatial potentiellement dangereux. Ce projet se résume en un satellite armé de fusées nucléaires. Bradley, déçu par les militaires, démissionne. Il n'accepte pas que ce satellite devienne partie intégrante du système de défense de l'armée. Mais il est rappelé par le chef de la NASA, car un phénomène astronomique d'importance vient de se produire : une comète a heurté un gros astéroïde et celui-ci a explosé, envoyant dans l'espace une météorite de huit kilomètres de diamètre ainsi que cinq fragments. Tous ces corps doivent, à plus ou moins brève échéance, entrer en collision avec la Terre. Six jours avant la date prévue pour l'impact, Bradley est nommé chef du plan de défense et propose au président des États-Unis de demander l'assistance des techniciens russes… Le monde est sauvé grâce à l'entente des peuples momentanément alliés contre l'adversité. Mais Manhattan est quand même détruit.

À l'approche de l'an 2000 et des peurs millénaristes, nous avons eu droit à d'autres films du même tonneau.

Tout d'abord, la rediffusion à la télévision d'un abominable navet : *Asteroid*, téléfilm américain qui fait durer le supplice 220 minutes.

Ensuite, deux superproductions hollywoodiennes, blockbusters de l'été 1998 : *Deep Impact* et *Armageddon*. À l'époque, j'écrivais moi-même le scénario d'un documentaire sur les comètes pour une soirée thématique d'ARTE consacrée à ces « Vagabondes du ciel ». Un bon prétexte pour aller voir ces deux films sans trop de honte.

Dans *Deep Impact* (produit par Steven Spielberg), une comète se dirige droit sur la Terre et les humains vont tout entreprendre pour la stopper. Ils s'apprêtent à un impact éventuel en construisant un réseau de tunnels sous-terrains qui pourra accueillir 1 million de personnes pour une période de 2 ans. Outre une série de gens éminents, les autres élus sont désignés au hasard, rafale de scènes déchirantes à l'appui (je ne veux pas y aller sans toi, je cède ma place à mon fils, s'il faut mourir je préfère le suicide, je fais la paix avec mon père, etc.).

Parallèlement, les tentatives d'enrayer la course du bolide se poursuivent et se soldent finalement par une demi-réussite : seul un morceau de la comète tombe dans l'océan. Il s'ensuit un raz de marée qui détruit New York. Les tours qui s'abattent comme des dominos hantent les rêves de bien des mégalos, réalisateurs ou pas !

Dans *Armageddon*, c'est une pluie de météorites qui anéantit New York et Paris (ah quand même, nous y avons droit aussi). Mais elles ne font qu'annoncer la venue d'un astéroïde de la taille du Texas *(sic)* qui se dirige vers la Terre à la vitesse de 35 000 km à l'heure. Pour sauver la planète, le directeur de la NASA n'a qu'une solution : envoyer une équipe dans l'espace pour détruire l'astéroïde. Pour effectuer ce voyage unique, il recrute Harry S. Stamper, le plus grand spécialiste au monde en forages pétroliers. Stamper et son équipe de têtes brûlées doivent se poser sur l'astéroïde et placer en son cœur une charge nucléaire. Confrontés aux conditions physiques et aux émotions les plus extrêmes, ces soldats du défi s'avèrent bientôt les seuls espoirs de l'humanité tout entière. On retrouve les braves héros, et le sacrifice ultime du plus brave d'entre eux, Bruce Willis.

Le bruitage et la musique (qui en ce cas sont synonymes) sont tellement tonitruants qu'on est heureusement dispensé de suivre les dialogues.

346

Deep Impact et *Armageddon* arrivent à point nommé pour promouvoir les programmes qui visent à repérer dans le ciel les objets potentiellement dangereux pour notre planète.

Ainsi, le budget de la NASA pour la recherche d'astéroïdes géocroiseurs est porté à 3 millions de dollars en 1998, le double de l'année précédente. De son côté, l'US Air Force annonce sa volonté de renforcer son programme LINEAR (Lincoln Near Earth Asteroid Research) qui a déjà permis la découverte d'un nombre conséquent d'astéroïdes. Spacewatch, le programme vétéran de l'observatoire de Kitt Peak, fait peau neuve en s'équipant d'un nouveau télescope. Le programme NEAT (Near Earth Asteroid Tracking) utilise un télescope à Hawaii et un autre au mont Palomar depuis le début 2001. D'autres programmes (Loneos, Catalina) sont créés en Arizona.

347

Repérer le danger, c'est bien. S'en défaire, c'est mieux. Quelle serait la meilleure manière de se débarrasser d'un rocher de l'espace trop menaçant ? S'il était possible de connaître très précisément la date et l'heure d'arrivée d'un « astéroïde tueur », pourrait-on éviter la catastrophe ?

Ce sont d'abord les scientifiques du Lawrence Livermore Laboratory et du Los Alamos Laboratory, rompus aux techniques d'explosions nucléaires, ainsi que les militaires de l'US Air Force, qui se sont penchés sur la question. Et ce d'autant plus volontiers que les uns et les autres avaient déjà planché sur un sujet proche sous la présidence de Ronald Reagan : la mise en place du programme IDS (Strategic Defense Initiative), plus connu sous le nom de « Guerre des Étoiles », dont le but était de détruire les satellites et les missiles ennemis en vol.

348

« On ne peut pas toujours compter sur Bruce Willis pour sauver la Terre. Il faudra le faire nous-mêmes », s'amuse

Robert Farquhar, chargé de réfléchir sur le sujet au sein de l'Académie internationale d'aéronautique. Dans *Armageddon*, l'acteur américain incarne le spécialiste des forages qui a pour mission de placer au cœur de l'astéroïde tueur une charge nucléaire pour le détruire. Ce scénario est notoirement idiot, car l'astéroïde se fragmenterait en morceaux qui frapperaient la Terre en plusieurs points au lieu d'un seul. Et, qui plus est, les débris seraient radioactifs...

En fait, il faudrait positionner la charge au-dessus de la surface. L'explosion n'entraînerait pas d'onde de choc, en l'absence d'atmosphère, mais la forte émission de rayonnements X et gamma vaporiserait une partie de la surface, de manière uniforme, et la poussée ainsi engendrée dévierait l'astéroïde.

Le recours très impopulaire à une charge nucléaire semble donc inéluctable, au moins pour les gros géocroiseurs.

349

Les charges explosives nucléaires pourraient être envoyées par des fusées intercontinentales, ou par la Deep Space Shuttle n'opérant que dans l'espace avec pour base la Station spatiale internationale (ISS). Cette navette, prévue pour assurer la maintenance et l'amélioration des télescopes spatiaux, pourrait, à l'occasion, aller visiter en urgence un APD. Les charges nucléaires seraient larguées à la surface du géocroiseur. Encore faudrait-il en avoir le temps. Il est déjà arrivé qu'un astéroïde ne soit repéré qu'une quinzaine d'heures avant son passage à proximité de la Terre, ou même après. Or, il faudrait entre 50 et 100 ans pour préparer une telle défense. Cette entreprise devrait être placée sous contrôle international afin qu'elle ne puisse servir à l'élaboration de techniques de guerre spatiale. Enfin, cette intervention ne serait pas forcément couronnée de succès, à en croire de récents travaux de simulation. Détruire ou détourner un astéroïde dépendrait, en fait, de la composition interne de celui-ci, de ses vides et de ses fractures susceptibles d'amortir le choc. Le remède miracle n'existe pas, et les solutions pour parer à un impact fatal restent encore à imaginer et à tester.

350

Que pourrait-on faire si les astronomes annonçaient qu'un astéroïde ou une comète de la taille d'une montagne allait entrer en collision avec la planète ? Tout dépend de trois facteurs :
– la composition de l'objet
– le délai d'intervention
– la taille de l'objet.

351

D'abord, la composition. Les NEO (Near Earth Objects) se divisent en trois catégories : les astéroïdes rocheux (c'était le cas de la météoride pierreuse qui a explosé au-dessus de la Tunguska en 1908), les astéroïdes métalliques (comme la météorite ferreuse qui a creusé le Meteor Crater en Arizona), et les comètes.

La sonde Giotto, qui a traversé la queue de la comète de Halley en 1986, a donné un avant-goût de ce que les comètes peuvent contenir : en gros un tiers de glace, un tiers de roches argileuses et un tiers de matière organique, dont des hydrocarbures. Avoir affaire à une comète n'est donc pas le même problème que d'avoir affaire à un astéroïde compact, dont la cohésion est beaucoup plus grande.

352

Le délai d'intervention est encore plus important que la composition de l'objet. Les astronomes prétendent que si on leur donnait les moyens technologiques et les financements suffisants, leurs chances de découvrir les astéroïdes dangereux longtemps à l'avance seraient très grandes. Mais les comètes posent un grave problème. Alors que les astéroïdes se meuvent à 25 km/s, celles-ci peuvent s'approcher de la Terre à une vitesse pratiquement double. Une comète frappeuse libérerait 10 fois plus d'énergie qu'un astéroïde de même taille, mais laisserait deux fois moins de temps pour être interceptée avant. Le plus perturbant est le facteur de surprise lié aux comètes dites à longue période. Comme leurs orbites dépassent 200 ans de période, la plupart d'entre elles n'ont jamais été repérées, et peuvent donc apparaître brusquement comme si elles surgissaient de nulle part. Ce fut le cas de la comète Hyakutake, qui nous offrit un spectacle remarquable au printemps 1996, passant à 15,2 millions de kilomètres de la Terre le 25 mars après avoir été découverte seulement le 31 janvier.

On estime généralement que l'on ne peut détecter une nouvelle comète à longue période plus d'un an à l'avance.

353

Le troisième facteur critique est la taille. Les objets plus petits qu'environ 100 m peuvent être détruits par de gros missiles – par exemple le LEM (Lightweight Exo-atmospheric Missile) conçu par Boeing pour les besoins de l'IDS (Guerre des Étoiles). Mais tout objet significativement plus gros exigerait une action plus radicale.

Les physiciens s'accordent à dire que la seule façon de libérer assez d'énergie pour contrer rapidement de tels objets reste l'arme nucléaire, qui offre le meilleur rendement énergie/poids (le poids étant la contrainte principale lorsqu'on envoie une mission dans l'espace). Une fusée Titan ou Proton pourrait être utilisée comme propulseur. Pour s'assurer que le ou les objets seraient pulvérisés et non pas fragmentés en morceaux qui pourraient retomber sur Terre. Edward Teller (le développeur de la bombe à hydrogène) estime simplement qu'il faudrait mettre suffisamment d'explosifs. Selon lui, il faut savoir ce qu'on veut : « Quand je me sens mal et que je dispose d'un remède, ma seule préoccupation est de guérir. »

D'autres pensent que si le remède ne marchait pas et que des fragments retombaient sur Terre, le résultat serait encore pire que si on n'avait rien fait. Des études récentes montrent que la chute d'une série de gros morceaux aurait des conséquences globales plus dévastatrices qu'un seul énorme bloc, en initiant de nombreuses conflagrations isolées qui finiraient par se fondre en une tempête de feu globale. Et bien sûr, les débris seraient radioactifs.

354

L'astrophysicien Clark Chapman, du Planetary Science Institute, affirme que si le délai d'intervention est trop court, il vaut mieux concentrer les efforts sur l'évacuation de la zone d'impact et l'accumulation de provisions de survie, plutôt que de risquer une conflagration planétaire.

355

Pour éviter le danger de fracturer l'impacteur, nombre de chercheurs pensent que la meilleure méthode consisterait à le dévier suffisamment de sa course. Mais tout dépend du délai d'intervention. Les comètes à longue période détectées « sur le pas de porte » exigeraient des poussées comprises entre quelques mètres et quelques centaines de mètres par seconde pour être déviées de leur trajectoire mortelle, tandis que pour les astéroïdes repérés des années à l'avance à plusieurs millions de kilomètres de distance, une poussée de quelques centimètres par seconde suffirait. En effet, à grande distance un tout petit angle de déviation fait diverger la trajectoire suffisamment, tandis qu'à faible distance, il faut une déviation nettement plus grande pour éviter la Terre.

356

Johndale Solem, physicien à Los Alamos, a publié quantité d'articles sur les scénarios de déviation. Il affirme que la meilleure façon de dévier un géocroiseur serait l'explosion d'une bombe à neutrons déclenchée un peu au-dessus de la surface de l'astéroïde. Il a calculé qu'une explosion de 4 mégatonnes fournirait une poussée de 50 cm par seconde, suffisante pour dévier sans le fragmenter un astéroïde gros d'un kilomètre. Étant donné que le rayon de la Terre est 6 370 km, et que l'astéroïde se déplace à environ 25 km par seconde, une fusée devrait atteindre sa cible au moins cinq mois avant l'impact. Si on dispose de plus de temps, on peut intercepter le bolide plus tôt, et le dévier d'un angle plus faible, ce qui veut dire que moins d'énergie est nécessaire.

357

La nouvelle Guerre des Étoiles

La « Guerre des Étoiles » a été abandonnée sous son nom d'origine mais récupérée par des astronomes sous le nom de « Ballistic Missile Defense Organization ». En janvier 1994, ils ont lancé la sonde spatiale Clementine qui a cartographié la surface de la Lune en utilisant une technologie développée durant la Guerre des Étoiles. En 1996, la sonde NEAR (Near-Earth Asteroid Rendez-vous), également dérivée du programme IDS, a été envoyée vers l'astéroïde 433 Éros. Elle a orbité pendant un an autour de cette grosse cacahuète avant de l'embrasser sur la bouche le jour de la Saint-Valentin.

Un autre projet nommé « Canon à étincelles », développé pendant la Guerre des Étoiles, consiste à provoquer, à l'aide de machines robotisées posées sur l'astéroïde, de brèves et intenses décharges électriques qui, en projetant dans l'espace des débris, dévieraient la trajectoire du bolide. Mais la palme de l'idée la plus élégante dans le domaine revient aux voiles solaires. Le concept est simple : déployer un réflecteur géant à la surface du météore et laisser faire la pression du rayonnement solaire pour changer peu à peu la trajectoire. Cependant, ces médecines « douces » ne seront applicables que si l'on dispose de suffisamment de temps avant l'impact : plusieurs dizaines d'années, voire un siècle. Sinon, seuls les moyens nucléaires pourront être utilisés.

358

Les États-Unis, la Russie, la France, toutes les nations ayant développé le nucléaire et de nombreuses autres sont impliquées dans les programmes de prévention. Des recherches théoriques et expérimentales sont encore nécessaires avant de pouvoir se lancer dans des expériences directes de désintégration dans l'espace. Par exemple, il faut qu'on sache beaucoup mieux comment et avec quelle force on peut frapper un astéroïde sans qu'il n'éclate en morceaux encore plus dangereux. Dans plusieurs laboratoires, on simule de telles collisions.

359

Le problème politique et financier qui se pose est le suivant : étant donné l'improbabilité d'un désastre, faut-il dépenser des milliards de dollars pour tenter de l'éviter ? La réponse est oui. Le coût typique d'une seule mission spatiale (telle qu'une mission de déviation d'orbite de météore) est de 200 millions de dollars. Or ce n'est rien par rapport à ce que coûterait l'impact d'une météorite de 2 km : 20 000 milliards de dollars par an – le produit brut mondial de l'activité économique pendant 20 ans – le temps nécessaire pour effacer les traces de la catastrophe et revenir à son point de départ. (Vous remarquerez que, de nos jours, on compte les dégâts en dollars, et non pas en vies humaines.)

360

Johndale Solem a imaginé un système de prévention nucléaire à l'échelle mondiale. Une demi-douzaine de propulseurs (type fusées Titan IV) désarmés seraient placés sous le contrôle des Nations unies. Les charges nucléaires seraient détenues indépendamment par un consortium de nations. Si un danger venu de l'espace se manifestait, les charges seraient acheminées vers les propulseurs et le tout vers les aires de lancement en moins d'une semaine. C'est précisément le délai de réponse imparti aux protagonistes du film *Meteor*. Si le point de départ du film est un scénario classique, sa résolution, qui montre la façon dont les scientifiques construisent la parade, a été inspirée par un sujet proposé en 1967 aux étudiants ingénieurs du célèbre Massachusetts Institute of Technology. Les étudiants avaient naturellement abouti à la parade nucléaire. Le film sonne étrangement juste vingt ans plus tard. La solution finale, dans laquelle une fusée russo-américaine parvient à pulvériser l'astéroïde, est précisément celle que l'on utiliserait aujourd'hui dans des conditions similaires – en y rajoutant l'Europe et la Chine. Et la cascade d'impacts montrée dans le film annonce celle de la comète Shoemaker-Levy observée sur Jupiter en juillet 1994.

361

Dans une tout autre approche, on peut envisager de modifier la trajectoire d'un bolide cosmique en jouant sur « l'effet Yarkovsky ». Ce dernier stipule que les propriétés physiques de la surface d'un astéroïde affectent la réflexion de la lumière solaire, et peuvent donc modifier son orbite. En délaissant les scénarios atomiques hollywoodiens, on a imaginé trois solutions.

1) Grâce à un miroir de 800 m, on concentrerait les rayons du Soleil sur un point de l'astéroïde. La surface s'échaufferait à plus de 1 000 °C et se mettrait à fondre, des panaches de vapeur jailliraient des entrailles du corps céleste et fourniraient une poussée suffisante pour le dévier de sa route.

2) On pourrait déverser une couche de poussière d'un centimètre d'épaisseur à la surface de l'astéroïde (mais cela nécessiterait l'envoi de 250 000 tonnes de matériau, soit l'équivalent de 90 fusées Saturne V utilisées lors du programme Apollo).

Le chercheur américain Joseph Spitale propose ainsi de dévier la trajectoire en le saupoudrant de talc blanc ou de poussière noire afin de modifier son albédo. Les rayons solaires exerceraient alors sur lui une pression différente, suffisante pour le pousser hors de son chemin. Une technique qui pourrait exiger un siècle de travail.

3) Une autre solution consisterait à creuser la surface de l'astéroïde sur une profondeur de plusieurs centimètres. Une tonne de TNT suffirait à retirer une couche d'un centimètre à la surface d'un corps d'un kilomètre de diamètre.

Quelle que soit l'option choisie, ces mesures demanderaient un siècle pour être réellement effectives. Délai bien suffisant pour certains astéroïdes à l'orbite calculée longtemps à l'avance, comme 1950 DA (*cf.* § 316), mais malheureusement trop court pour maints bolides dont les trajectoires chaotiques sont impossibles à prévoir plusieurs dizaines d'années à l'avance.

362

Repensons aux conférences de vulgarisation des années 1980 où toute l'histoire de l'Univers était comptée et contée avec un certain angélisme : big bang, patience dans l'azur, moi sur ma planète 15 milliards d'années plus tard, le Soleil qui gonfle dans 5 milliards d'années, puis qui explose et that's it. La réalité est que l'espèce humaine moderne n'a émergé que dans les 10 000 dernières années, en profitant d'une incroyable accalmie en matière de météorologie (absence de glaciations), d'impacts et autres catastrophes naturelles, alors que l'hominidé existe sur Terre depuis plus de 3 millions d'années. Notre société est plus que fragile, nous ne sommes pas autosuffisants, il faut peu de chose pour désorganiser notre belle machine. Par exemple, deux avions qui s'écrasent sur les Twin Towers de New York.

363

Pour résumer

En mars 2001, un groupe de travail de l'American Institute of Aeronautics and Astronautics a rendu un rapport dans lequel il distingue trois scénarios catastrophe. Le premier concerne un objet d'environ 50 m de diamètre, qui heurterait la Terre d'ici 20 à 30 ans. C'est assez pour prendre ses précautions. On pourrait le détourner de sa trajectoire moyennant une poussée raisonnable grâce à des engins spatiaux, à moteur ionique par exemple, lancés par des fusées conventionnelles. À titre préventif, les populations des régions côtières seraient évacuées au cas où l'astéroïde tomberait dans l'océan et provoquerait un raz de marée. Les chances de succès sont considérées comme « bonnes ».

Le deuxième scénario concerne un objet de 1 à 2 km de diamètre, avec un impact dévastateur prévu dans une dizaine d'années. Un milliard de victimes, estime le rapport. Les solutions envisagées passent par l'usage de charges nucléaires et nécessitent de développer rapidement un nouveau système de lanceurs pour les amener à destination. La probabilité de succès est jugée « modérée ».

Le dernier scénario est celui de l'apocalypse : une comète de 5 km fonce vers la Terre. On ne la détecterait que deux ans avant l'impact. Le rapport mentionne une tentative désespérée d'envoyer des douzaines de lanceurs équipés de charges nucléaires, avec une probabilité de succès qualifiée de « faible ».

364

Que ma présence qui vous cause énigmatique malaise, haine sans rémission, soit météore dans votre âme.

René CHAR, *Le Météore du 13 août*[1]

1. Dans *Fureur et Mystère*, Gallimard, 1948.

365

Étymologie du désastre

Le désastre, emprunté à l'italien *disastro*, est formé du préfixe péjoratif *dis-* accolé au mot *astro*. Il signifie donc proprement « mauvais astre ». Le désastre, c'est l'astéroïde tueur, la comète funeste. Autrement dit, la « mauvaise étoile ». Et celui qui est né sous la mauvaise étoile n'est qu'un « malotru », *male astrucus* en latin populaire.

Nul besoin d'invoquer les horoscopes pour reconnaître que bonne et mauvaise fortune sont bel et bien inscrites dans le ciel, sous la forme d'astres cléments, comme le Soleil, ou dangereux, comme les météores. C'est notre grand défi de comprendre progressivement la nature exacte des mécanismes qui régissent le ballet planétaire, et de construire les parades contre les plus menaçants des « désastres ». Le ciel pourrait nous tomber sur la tête, oui. Il l'a déjà fait. Il le fera encore. Sa permanence est inscrite dans notre chair et notre cœur. Mais nous avons les moyens de le tenir à l'œil. Si tel est notre bon plaisir, ou notre grande sagesse.

Remerciements

Sans le concours infiniment précieux d'Elisa Brune, cet essai scientifico-littéraire aurait donné beaucoup de chutes et peu de trouvailles. Lisez à tout prix ses *Jupiters chauds*. Vous y découvrirez comment astronomie et roman font merveilleux ménage.

Merci à Alain Carion, pour qui aucune pierre, terrestre ou céleste, n'a de secrets ; il a gentiment ausculté quelques fragments mal documentés de ce pavé.

Merci enfin à la Fondation des Treilles, qui m'a une fois de plus offert la manne de ses bienfaits pour construire cet ouvrage.

Bibliographie

Alain CARION, *Les Météorites et leurs impacts*, Masson, 1997.

C. R. CHAPMAN et D. MORRISON, *Cosmic Catastrophes*, Plenum Press, New York, 1989.

Françoise et Michel FRANCO, *Chercheurs de météorites*, Le Cherche Midi, 2001.

Michel MAURETTE, *Chasseurs d'étoiles*, Hachette/Cité des sciences et de l'industrie, 1993.

Richard NORTON, *The Cambridge Encyclopaedia of Meteorites*, Cambridge University Press, 2002.

Jean-Paul POIRIER, *Ces pierres qui tombent du ciel*, Le Pommier, 1999.

Brigitte ZANDA, *Les Météorites, carnets d'histoire naturelle*, Dunod, 1996.

Table

RÉALISATION : PAO ÉDITIONS DU SEUIL
IMPRESSION : NORMANDIE ROTO IMPRESSION S.A.S. À LONRAI (ORNE)
DÉPÔT LÉGAL : OCTOBRE 2005. N° 80821 (05-2432)

Imprimé en France

Collection Points

SÉRIE SCIENCES

dirigée par Jean-Marc Lévy-Leblond et Nicolas Witkowski

S1. La Recherche en biologie moléculaire, *ouvrage collectif*
S2. Des astres, de la vie et des hommes
par Robert Jastrow (épuisé)
S3. (Auto)critique de la science
par Alain Jaubert et Jean-Marc Lévy-Leblond
S4. Le Dossier électronucléaire
par le syndicat CFDT de l'Énergie atomique
S5. Une révolution dans les sciences de la Terre
par Anthony Hallam
S6. Jeux avec l'infini, *par Rózsa Péter*
S7. La Recherche en astrophysique, *ouvrage collectif*
(nouvelle édition)
S8. La Recherche en neurobiologie *(épuisé)*
(voir nouvelle édition, S 57)
S9. La Science chinoise et l'Occident, *par Joseph Needham*
S10. Les Origines de la vie, *par Joël de Rosnay*
S11. Échec et Maths, *par Stella Baruk*
S12. L'Oreille et le Langage, *par Alfred Tomatis* (nouvelle édition)
S13. Les Énergies du Soleil, *par Pierre Audibert*
en collaboration avec Danielle Rouard
S14. Cosmic Connection ou l'Appel des étoiles, *par Carl Sagan*
S15. Les Ingénieurs de la Renaissance, *par Bertrand Gille*
S16. La Vie de la cellule à l'homme, *par Max de Ceccatty*
S17. La Recherche en éthologie, *ouvrage collectif*
S18. Le Darwinisme aujourd'hui, *ouvrage collectif*
S19. Einstein, créateur et rebelle, *par Banesh Hoffmann*
S20. Les Trois Premières Minutes de l'Univers
par Steven Weinberg
S21. Les Nombres et leurs mystères, *par André Warusfel*
S22. La Recherche sur les énergies nouvelles, *ouvrage collectif*
S23. La Nature de la physique, *par Richard Feynman*
S24. La Matière aujourd'hui, *par Émile Noël* et al.
S25. La Recherche sur les grandes maladies, *ouvrage collectif*
S26. L'Étrange Histoire des quanta
par Banesh Hoffmann et Michel Paty
S27. Éloge de la différence, *par Albert Jacquard*
S28. La Lumière, *par Bernard Maitte*
S29. Penser les mathématiques, *ouvrage collectif*
S30. La Recherche sur le cancer, *ouvrage collectif*

S31. L'Énergie verte, *par Laurent Piermont*
S32. Naissance de l'homme, *par Robert Clarke*
S33. Recherche et Technologie, *Actes du Colloque national*
S34. La Recherche en physique nucléaire, *ouvrage collectif*
S35. Marie Curie, *par Robert Reid*
S36. L'Espace et le Temps aujourd'hui, *ouvrage collectif*
S37. La Recherche en histoire des sciences, *ouvrage collectif*
S38. Petite Logique des forces, *par Paul Sandori*
S39. L'Esprit de sel, *par Jean-Marc Lévy-Leblond*
S40. Le Dossier de l'Énergie
par le Groupe confédéral Énergie (CFDT)
S41. Comprendre notre cerveau, *par Jacques-Michel Robert*
S42. La Radioactivité artificielle
par Monique Bordry et Pierre Radvanyi
S43. Darwin et les Grandes Énigmes de la vie
par Stephen Jay Gould
S44. Au péril de la science ?, *par Albert Jacquard*
S45. La Recherche sur la génétique et l'hérédité, *ouvrage collectif*
S46. Le Monde quantique, *ouvrage collectif*
S47. Une histoire de la physique et de la chimie
par Jean Rosmorduc
S48. Le Fil du temps, *par André Leroi-Gourhan*
S49. Une histoire des mathématiques
par Amy Dahan-Dalmedico et Jeanne Peiffer
S50. Les Structures du hasard, *par Jean-Louis Boursin*
S51. Entre le cristal et la fumée, *par Henri Atlan*
S52. La Recherche en intelligence artificielle, *ouvrage collectif*
S53. Le Calcul, l'Imprévu, *par Ivar Ekeland*
S54. Le Sexe et l'Innovation, *par André Langaney*
S55. Patience dans l'azur, *par Hubert Reeves*
S56. Contre la méthode, *par Paul Feyerabend*
S57. La Recherche en neurobiologie, *ouvrage collectif*
S58. La Recherche en paléontologie, *ouvrage collectif*
S59. La Symétrie aujourd'hui, *ouvrage collectif*
S60. Le Paranormal, *par Henri Broch*
S61. Petit Guide du ciel, *par A. Jouin et B. Pellequer*
S62. Une histoire de l'astronomie, *par Jean-Pierre Verdet*
S63. L'Homme re-naturé, *par Jean-Marie Pelt*
S64. Science avec conscience, *par Edgar Morin*
S65. Une histoire de l'informatique, *par Philippe Breton*
S66. Une histoire de la géologie, *par Gabriel Gohau*
S67. Une histoire des techniques, *par Bruno Jacomy*
S68. L'Héritage de la liberté, *par Albert Jacquard*
S69. Le Hasard aujourd'hui, *ouvrage collectif*
S70. L'Évolution humaine, *par Roger Lewin*
S71. Quand les poules auront des dents, *par Stephen Jay Gould*

S72. La Recherche sur les origines de l'univers, *par* La Recherche
S73. L'Aventure du vivant, *par Joël de Rosnay*
S74. Invitation à la philosophie des sciences
par Bruno Jarrosson
S75. La Mémoire de la Terre, *ouvrage collectif*
S76. Quoi ! C'est ça, le Big-Bang ?, *par Sidney Harris*
S77. Des technologies pour demain, *ouvrage collectif*
S78. Physique quantique et Représentation du monde
par Erwin Schrödinger
S79. La Machine univers, *par Pierre Lévy*
S80. Chaos et Déterminisme, *textes présentés et réunis par A. Dahan-Dalmedico, J.-L. Chabert et K. Chemla*
S81. Une histoire de la raison, *par François Châtelet (entretiens avec Émile Noël)*
S82. Galilée, *par Ludovico Geymonat*
S83. L'Age du capitaine, *par Stella Baruk*
S84. L'Heure de s'enivrer, *par Hubert Reeves*
S85. Les Trous noirs, *par Jean-Pierre Luminet*
S86. Lumière et Matière, *par Richard Feynman*
S87. Le Sourire du flamant rose, *par Stephen Jay Gould*
S88. L'Homme et le Climat, *par Jacques Labeyrie*
S89. Invitation à la science de l'écologie, *par Paul Colinvaux*
S90. Les Technologies de l'intelligence, *par Pierre Lévy*
S91. Le Hasard au quotidien, *par José Rose*
S92. Une histoire de la science grecque, *par Geoffrey E.R. Lloyd*
S93. La Science sauvage, *ouvrage collectif*
S94. Qu'est-ce que la vie ?, *par Erwin Schrödinger*
S95. Les Origines de la physique moderne, *par I. Bernard Cohen*
S96. Une histoire de l'écologie, *par Jean-Paul Deléage*
S97. L'Univers ambidextre, *par Martin Gardner*
S98. La Souris truquée, *par William Broad et Nicholas Wade*
S99. À tort et à raison, *par Henri Atlan*
S100. Poussières d'étoiles, *par Hubert Reeves*
S101. Fabrice ou l'École des mathématiques, *par Stella Baruk*
S102. Les Sciences de la forme aujourd'hui, *ouvrage collectif*
S103. L'Empire des techniques, *ouvrage collectif*
S104. Invitation aux mathématiques, *par Michael Guillen*
S105. Les Sciences de l'imprécis, *par Abraham A. Moles*
S106. Voyage chez les babouins, *par Shirley C. Strum*
S107. Invitation à la physique, *par Yoav Ben-Dov*
S108. Le Nombre d'or, *par Marguerite Neveux*
S109. L'Intelligence de l'animal, *par Jacques Vauclair*
S110. Les Grandes Expériences scientifiques, *par Michel Rival*
S111. Invitation aux sciences cognitives, *par Francisco J. Varela*
S112. Les Planètes, *par Daniel Benest*
S113. Les Étoiles, *par Dominique Proust*

S114. Petites Leçons de sociologie des sciences, *par Bruno Latour*
S115. Adieu la Raison, *par Paul Feyerabend*
S116. Les Sciences de la prévision, *collectif*
S117. Les Comètes et les Astéroïdes
par A.-Chantal Levasseur-Legourd
S118. Invitation à la théorie de l'information
par Emmanuel Dion
S119. Les Galaxies, *par Dominique Proust*
S120. Petit Guide de la Préhistoire, *par Jacques Pernaud-Orliac*
S121. La Foire aux dinosaures, *par Stephen Jay Gould*
S122. Le Théorème de Gödel, *par Ernest Nagel / James R. Newman / Kurt Gödel / Jean-Yves Girard*
S123. Le Noir de la nuit, *par Edward Harrison*
S124. Microcosmos, Le Peuple de l'herbe
par Claude Nuridsany et Marie Pérennou
S125. La Baignoire d'Archimède
par Sven Ortoli et Nicolas Witkowski
S126. Longitude, *par Dava Sobel*
S127. Petit Guide de la Terre, *par Nelly Cabanes*
S128. La vie est belle, *par Stephen Jay Gould*
S129. Histoire mondiale des sciences, *par Colin Ronan*
S130. Dernières Nouvelles du cosmos.
Vers la première seconde, *par Hubert Reeves*
S131. La Machine de Turing, *par Alan Turing et Jean-Yves Girard*
S132. Comment fabriquer un dinosaure
par Rob DeSalle et David Lindley
S133. La Mort des dinosaures, *par Charles Frankel*
S134. L'Univers des particules, *par Michel Crozon*
S135. La Première Seconde, *par Hubert Reeves*
S136. Au hasard, *par Ivar Ekeland*
S137. Comme les huit doigts de la main
par Stephen Jay Gould
S138. Des grenouilles et des hommes, *par Jacques Testart*
S139. Dialogue sur les deux grands systèmes du monde
par Galileo Galilée
S140. L'Œil qui pense, *par Roger N. Shepard*
S141. La Quatrième Dimension, *par Rudy Rucker*
S142. Tout ce que vous devriez savoir sur la science
par Harry Collins et Trevor Pinch
S143. L'Éventail du vivant, *par Stephen Jay Gould*
S144. Une histoire de la science arabe, *par Ahmed Djebbar*
S145. Niels Bohr et la Physique quantique
par François Lurçat
S146. L'Éthologie, *par Jean-Luc Renck et Véronique Servais*
S147. La Biosphère, *par Wladimir Vernadsky*
S148. L'Univers bactériel, *par Lynn Margulis et Dorion Sagan*

S149. Robert Oppenheimer, *par Michel Rival*
S150. Albert Einstein
textes choisis et commentés par Françoise Balibar
S151. La Sculpture du vivant, *par Jean Claude Ameisen*
S152. Impasciences, *par Jean-Marc Lévy-Leblond*
S153. Ni Dieu ni gène, *par Jean-Jacques Kupiec, Pierre Sonigo*
S154. Oiseaux, merveilleux oiseaux, *par Hubert Reeves*
S155. Savants et Ignorants, *par J. Jacques / D. Raichvarg*
S156. Le Destin du mammouth, *par Claudine Cohen*
S157. Des atomes dans mon café crème, *par Pablo Jensen*
S158. L'Invention du Big-Bang, *par Jean-Pierre Luminet*
S159. Aux origines de la science moderne en Europe
par Paolo Rossi
S 160. Mathématiques, plaisir et nécessité, *par A. Warusfeld et A. Ducrot*
S 162. Une histoire sentimentale des sciences
par Nicolas Witkowski
S 163. L'Avenir climatique, *par Jean-Marc Jancovici*
S 164. Mal de Terre, *par Hubert Reeves et Frédéric Lenoir*
S 165. L'Imposture scientifique en dix leçons
par Michel De Pracontal
S 166. Les Origines de l'homme, *par Pascal Picq*